精品工程施工工艺操作口袋书系列

机电安装
施工工艺
操作口袋书

中建八局浙江建设有限公司　组织编写

中国建筑工业出版社

图书在版编目（CIP）数据

机电安装施工工艺操作口袋书 / 中建八局浙江建设有限公司组织编写 .—北京：中国建筑工业出版社，2024.5
（精品工程施工工艺操作口袋书系列）
ISBN 978-7-112-29666-8

Ⅰ.①机… Ⅱ.①中… Ⅲ.①机电设备—建筑安装—工程施工 Ⅳ.① TU85

中国国家版本馆 CIP 数据核字（2024）第 055861 号

责任编辑：王砾瑶　张　磊
责任校对：赵　力

精品工程施工工艺操作口袋书系列
机电安装施工工艺操作口袋书
中建八局浙江建设有限公司　组织编写
*
中国建筑工业出版社出版、发行（北京海淀三里河路 9 号）
各地新华书店、建筑书店经销
北京海视强森文化传媒有限公司制版
临西县阅读时光印刷有限公司印刷
*
开本：787 毫米 × 1092 毫米　1/32　印张：9½　字数：228 千字
2024 年 8 月第一版　2024 年 8 月第一次印刷
定价：**67.00** 元
ISBN 978-7-112-29666-8
（42255）

《机电安装施工工艺操作口袋书》

编 委 会

为贯彻落实党的二十大精神，助推建筑业高质量发展，全面提升工程品质，夯实基础管理能力，践行发扬工匠精神，推进质量管理标准化，提高工程管理人员的专业素质，我们认真总结和系统梳理现场施工技术及管理经验，组织编写了这套《精品工程施工工艺操作口袋书系列》。本丛书包括以下分册：《地基与基础施工工艺操作口袋书》《主体结构施工工艺操作口袋书》《装饰装修及屋面施工工艺操作口袋书》《机电安装施工工艺操作口袋书》。

丛书从工程管理人员和操作人员的需求出发，既贴近施工现场实际，又严格体现行业规范、标准的规定，较系统地阐述了建筑工程中常用分部分项工程的施工工艺流程、施工工艺标准图、控制措施和技术交底。具有结构新颖、内容丰富、图文并茂、通俗易懂、实用性强的特点，可作为从事建设工程施工、管理、监督、检查等工程技术人员及相关专业人员的参考资料。

丛书在编写过程中得到了编者所在单位领导以及中国建筑工业出版社领导的鼓励与支持，同时还收集了大量资料，参阅并借鉴了《建筑施工手册（第五版）》和众多规范、标准的相关内容，汇聚了编制和审阅人员的辛勤劳动及宝贵意见，是共有的技术结晶和财富。在此，一并表示衷心的感谢。希望本丛书能对规范施工现场各工序操作提供有益指导，同时也期望丛书能对所有使用本丛书的读者有所帮助。限于编者水平、经验及时间，书中难免还存在一些不妥和错误之处，恳请读者及同行批评指正，编者不胜感激。

编　者

2023 年 7 月于杭州

目录
contents

1

①

给水管道安装施工工艺

1.1 施工工艺流程

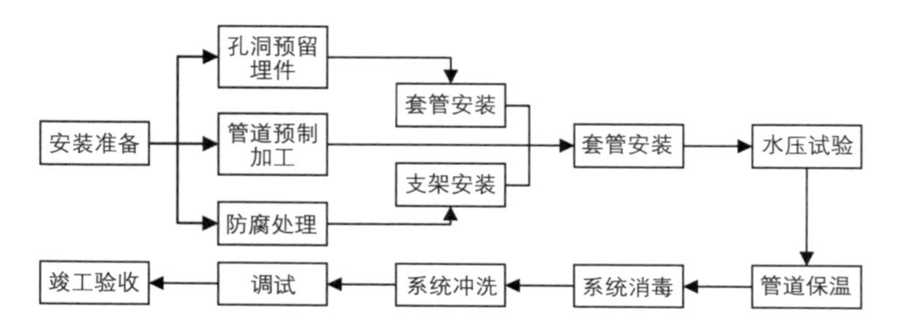

1.2 施工工艺标准图

序号	施工步骤	材料、机具准备	工艺要点	效果展示
1	预埋套管	钢套管、电焊机、卷尺、记号笔	（1）混凝土墙内预埋采用钢套管时，成排预埋的钢套管需电焊组合固定，确保套管间距一致，并防腐到位。 （2）混凝土墙内预埋采用钢套管时，钢套管超出混凝土墙面2cm，保证后期墙面抹灰及防水处理。 （3）屋面防水套管加工，焊缝平直、光滑，套管高度符合规范要求，并防腐到位	
2	钢塑复合管沟槽连接	镀锌钢管、卡箍、切割机、滚槽机、扳手	（1）钢管切割时切割片与管道垂直。 （2）使用锉刀将毛刺完全除净。	

序号	施工步骤	材料、机具准备	工艺要点	效果展示
2	钢塑复合管沟槽连接	镀锌钢管、卡箍、切割机、滚槽机、扳手	（3）固定压槽机，确保稳定可靠，架管时确保钢管和压槽机平台在同一个水平面上，要有能调整高度的固定式支撑尾架。旋转定位螺母，调整好压轮行程，确定沟槽深度和沟槽宽度，手压泵手柄均匀缓慢下压，每次手柄行程不超过0.2mm，钢管转动一周，一直压到压槽机上限位螺母到位为止，然后让机械再转动两周以上，以保证壁厚均匀。管道应保持水平，且与压槽机驱动轮挡板呈90°，压槽时应保持持续渐进。检查压好的沟槽尺寸，如不符合规定，再微调，进行第二次压槽，再一次检查沟槽尺寸，以达到规定的标准尺寸。 （4）将橡胶圈套入钢管端头，注意不得损坏橡胶圈，在管道端部和橡胶圈上涂上润滑剂。 （5）将卡箍上、下紧扣在密封橡胶圈上，确保卡箍凸边卡进沟槽内。 （6）用手压紧上下卡箍的耳部，使上下卡箍靠紧并穿入螺栓，螺栓的根部椭圆颈进入卡箍的椭圆孔，用扳手均匀轮换同步拧紧螺母，确认卡箍凸边全部在沟槽内	橡胶圈

续表

序号	施工步骤	材料、机具准备	工艺要点	效果展示
3	衬塑钢管螺纹连接	镀锌钢管、切割机、套丝机、管钳、生胶带	（1）螺纹连接时，填料采用白厚漆麻丝或四氟乙烯生料带，顺时针顺缠绕方向一次拧紧，不得回拧，紧后留有螺纹2～3圈。生活给水不采用白厚漆，不采用液态生料带。 （2）管道及阀门组件连接完成后，可根据系统按照设计及规范要求试压，试验结果应符合要求。 （3）管道连接后，把挤到螺纹外面的填料清理干净，填料不得挤入管腔，以免阻塞管路，同时对裸露的螺纹进行防腐处理，对明装管道还应该刷与管道颜色一致的面漆	
4	HDPE塑料复合管安装	布、断管机具、对焊热熔机	（1）管道安装前根据管道走向备齐所需管配件，根据各段管长下料。 （2）用钢刷打磨电熔焊接表面，去除氧化层，氧化层去除应均匀，管外壁应平整，并用洁净棉絮和酒精擦净连接面，且保持连接面不受潮。 （3）管道与配件组装时根据管件深度在管外壁上用记号笔画线，然后将管道插入配件直至画线位置，确保管道插入配件。	

序号	施工步骤	材料、机具准备	工艺要点	效果展示
4	HDPE塑料复合管安装	布、断管机具、对焊热熔机	（4）连接好导线，根据各配件的电熔参数调好管配件各阶段的加热电压和加热时间，开始加热连接。 （5）在加热和冷却的过程中，不得移动、转动接头的部位及两侧的管道，不得在连接部位和管道上施加任何压力。 （6）管道安装完成后根据规范要求完成管道试压	
5	PP-R管连接	热熔机、割刀、锉刀	（1）切断管材，切断时，必须使用切管器垂直切断，切断后应将切头清除干净。 （2）在管道插入深度处作记号（等于接头的承插深度）。 （3）把整个嵌入深度加热，包括管材和管件，在管材生产企业提供的焊接工具上进行。 （4）当加热完成后，把管材平稳而均匀地插入管件中,形成牢固而完美的结合。 （5）按规定时间冷却。 （6）热熔连接、电熔连接操作技术参数详见管材生产企业提供的操作说明书。 （7）PP-R管与其他管材的连接采用专用接头。 （8）熔接连接管道的结合面应具有均匀的熔接圈，不得出现局部熔瘤或熔接圈凸凹不均匀现象	 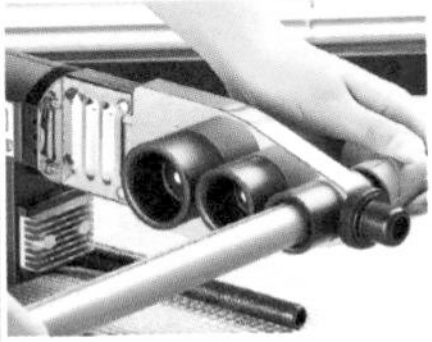

续表

序号	施工步骤	材料、机具准备	工艺要点	效果展示
6	不锈钢管卡压连接	断管机、卡压钳、锉刀	（1）用管道切割器垂直切管，切割后除去管口内外毛刺并整圆。 （2）橡胶圈放入管件U形槽内，不得使用任何润滑剂。 （3）在管材端部画出插入长度标记。 （4）管材插入管件时，保证画线标记到管件承口端面的净距离 L_1 在2mm以内。在此过程中橡胶圈不得损伤、扭曲、移位。通过压接工具产生恒定压力，使得管件及管材外形微变形，达到所需连接强度。同时，使得密封圈产生压缩形变，达到密封效果	
7	支、吊架安装	手枪钻、膨胀螺栓、扳手、移动脚手架	（1）管道支、吊、托架安装时应及时进行固定和调整工作。 （2）安装支、吊架的位置、标高应准确，间距应合理。应按设计图纸要求、有关标准图规定进行安装。 （3）管道不允许移位时，应设置固定支架。必须严格安装在设计规定的位置上，并应使管道牢固地固定在支架上。 （4）埋入墙内的支架、焊接到预埋件上的支架、用膨胀螺栓固定安装的支架，都应遵照设计图纸要求进行安装	保温层 6号槽钢 吊杆 型钢 成品保温支座

序号	施工步骤	材料、机具准备	工艺要点	效果展示
8	管井管道安装	型钢、冲击钻、扳手、移动脚手架	（1）管道井施工前需综合考虑安装难度、支架形式、方便操作及是否保温等因素，对管井内所有管道进行综合排布。 （2）根据管道排布绘制管井大样图，结合大样图跟班组详细交底，确定管道施工顺序。 （3）结合保温、操作阀门等因素，合理布置管道间距，制作联合支架。 （4）按照由里到外的顺序逐一安装各系统管道，管道安装完成后进行封堵。 （5）逐一进行管道试验，试验合格后根据保温与否进行管道保温。 （6）按照要求对各系统管道进行标示，要求标示样式统一、高度一致、美观	
9	管道穿墙	防火泥、防火板、装饰环	管道穿越防火隔墙及楼板时，应做好洞口间隙与管道外壁缝隙的防火处理，应用不燃材料进行填实，穿过墙两侧并加盖装饰环，使管道与墙或者楼板界面清晰，造型美观	
10	生活水泵房安装	水泵、水箱、阀门、管件、仪表、捯链、电焊机、地牛	（1）成排安装的变频供水泵组安装完成后，应确保所有泵组在同一直线上，同型号的水泵保证其进出水管在同一水平中心线上。 （2）水泵的进出水管及阀件应进行固定，确保水泵本体处于自由状态。水泵和管路之间应采用柔性连接	

续表

序号	施工步骤	材料、机具准备	工艺要点	效果展示
11	成排管道安装	型钢、点焊接、扳手、脚手架、提升机	（1）成排管道安装前，应当做好综合排布，尽量使管道顺直，减少翻弯。 （2）管排的卡箍阀门等部件排列整齐，管距适中，预留好紧固螺栓的操作距离。 （3）卡箍连接螺栓紧固后外漏丝扣为螺栓直径的1/2。螺栓布置朝向一致，螺栓安装前要抹黄油，紧固均匀，加盖螺母。 （4）安装在管道上的阀门两侧200mm范围内应加设支架。 （5）安装在管道上的弯头、卡箍两侧300～500mm范围内应加设支架	
12	强度严密性试验	电动打压泵、压力表、临时限位装置等	（1）管道试验压力符合要求。 （2）试压管道在试验压力下先观测10min，压力降不得大于0.02MPa，然后降到工作压力进行检查，不渗不漏，管道承压测试时间最少为60min。水压严密性试验在水压强度试验和管网冲洗合格后进行，试验压力为设计的工作压力，稳压24h，应无渗漏	

序号	施工步骤	材料、机具准备	工艺要点	效果展示
13	管道消毒	水、二氧化氯	（1）管道试压合格后，将管道内的水放空，各配水点与配水件连接后，进行管道消毒。用含20～30mg/L游离氯的水灌满管道进行消毒，含氯水在管道中应留置24h以上。 （2）消毒结束后，放空管道内的消毒液，用生活饮用水冲洗管道，至各末端配水件出水水质符合现行国家标准《生活饮用水卫生标准》GB 5749为止。 （3）管道消毒用水应在指定地点处理排放	
14	管道冲洗	水	（1）应在管道试压完毕后对管网进行冲洗，冲洗工作可与管道系统试压连续进行。冲洗应用洁净的水（自来水）连续进行。 （2）冲洗时，以系统内可能达到的最大压力和流量进行，直到出口处的水质颜色和透明度与入口处一致、达到生活饮用水标准。冲洗洁净后办理验收手续。直饮水管道系统管网消毒后，应使用直饮水进行冲洗，冲洗流速应大于1.5m/s，直至各用水点出水水质与进水口日测一致为合格。 （3）管道冲洗用水应在指定地点沉淀排放，冲洗的污物应统一回收，集中处理	

续表

序号	施工步骤	材料、机具准备	工艺要点	效果展示
15	管道套管及根部处理	标识标牌、密封胶、防火泥、阻火圈、脚手架	（1）套管比立管大 1 ~ 2 个管号，有保温的管道套管的设置应保证保温管连续穿过套管；套管高出装饰面层 50mm。 （2）套管规格应考虑管道保温或保冷层厚度，使保温或保冷层在套管内不断。 （3）套管安装前内外刷防锈漆，调直固定好立管，用木楔把套管临时固定于洞口，用捻凿把油麻填塞于套管间隙的 2/3 处（多水房间时，钢套管应焊防水翼板）调整套管与管道的同心度，套管与板底平齐，封堵严密。 （4）补洞混凝土浇筑完成后其余间隙填塞石棉绳，套管顶部打密封胶密封，密封胶要求与套管上部平齐，胶缝要求均匀，套管底部安装饰圈，板面上外露套管刷黑色或灰色油漆	

1.3 控制措施

序号	预控项目	产生原因	预控措施
1	给水管无支架	施工时未考虑施工验收规范对管道支吊架距离的要求	钢管管道支架的最大间距应符合施工验收规范的要求（详见《建筑给水排水及采暖工程施工质量验收规范》GB 50242—2002 表 3.3.8）

序号	预控项目	产生原因	预控措施
2	管道法兰与设备法兰规格、型号等参数不配套	（1）施工技术交底不到位。 （2）施工班组对法兰需匹配的要求不清楚，施工随意	（1）施工前做好技术交底。 （2）严禁使用非标不合格法兰片，法兰的压力等级应与设计要求一致。 （3）重点关注蝶阀法兰与普通法兰的区别，使用时不得混用
3	轻质隔断墙体开横槽	严禁在轻质墙体上开横槽，影响结构安全	（1）主管道位置调到顶板下，吊顶内，支管垂直向下接到各用水点。 （2）严禁在轻质隔墙上切横槽
4	水表前管段长度太短	（1）交底不到位。 （2）未明确水表前后管段施工要点，对规范不熟悉	（1）螺翼式水表前应有不少于8倍接口管径的直管段；旋翼式水表前应有不小于5倍接口管径的直管段，表后应有不小于2倍接口管径的直管段。 （2）水表外壳距离墙体1～3cm
5	热水系统法兰衬垫的选择不正确造成漏水、渗水	（1)采用普通橡胶垫。 （2）未采用硅胶垫、钢垫或石棉垫。 （3）未采用合格材料	（1）应选用与热水系统温度相适宜的材料。 （2）严把材料进场关，使用合格的法兰垫
6	以沟槽式安装的开分支管时，采用机械开孔三通	在立管上采用机械开孔，其支管接头的构造属于马鞍形拼合式开孔套筒结构，其强度相对低于标准规格的沟槽式三通、四通等管件，有可能对立管强度产生影响	（1）《沟槽式连接管道工程技术规程》T/CECS 151—2019规定“当立管上设置支管时，应采用标准规格的沟槽式三通、沟槽式四通等管件”。 （2）不得采用机械开孔安装机械三通的连接方式

续表

序号	预控项目	产生原因	预控措施
7	（1）管道主要控制阀门采用暗杆闸阀等无明显启闭标志的阀门。 （2）隐蔽安装的主要控制阀门在明显处指示其安装启闭位置	（1）严重影响主要控制阀门及时开闭。 （2）未按设计要求采购阀门	（1）管道主要控制阀门应采用有明显启闭标志的。 （2）暗装阀门应在明显处标志其安装启闭位置。 （3）阀门丝杆宜套透明管，方便查看

1.4 技术交流

1.4.1 施工准备

1. 材料准备

（1）所有材料使用前应做好产品标识，注明产品名称、规格型号、批号、数量、生产日期和检验代码等，并确保材料具有可追溯性。

（2）镀锌钢管及管件的规格种类应符合设计要求，管壁内外镀锌均匀，无锈蚀、无毛刺；管件无偏扣、乱扣、丝扣不全或角度不准等现象。

（3）直饮水系统的管道应选用薄壁不锈钢管、铜管、铜镀铬制品等管材。

（4）开水管道应选用工作温度大于 100℃的金属管道。

（5）薄壁不锈钢管、给水用改性聚丙烯（PP-R）管、铜管等的相关要求见规范。

（6）水表的规格应符合设计要求并经自来水公司认可，热水系统选用符合温度要求的热水表。表壳铸造规矩，无砂眼、裂纹，表玻璃无损坏，铅封完整，有出厂质量合格证明文件。管道直饮水系统应采用直饮水水表、直饮水专用水嘴。

（7）阀门的规格型号应符合设计要求，热水系统阀门符合温度要求。阀体铸造规矩、表面光洁、无裂纹、开关灵活、关闭严密，填料密封完好、无渗漏，手轮无损坏，有出厂合格证。

（8）试验合格的阀门，应及时排尽内部积水，并吹干；密封面上应涂防锈油，关闭阀门，封闭出入口，作出明显的标记，并应按规定格式填写“阀门试验记录”。管道组成件及管道支承件在施工过程中应妥善保管，不得滚滑或损坏，其色标或标记应明显、清晰。材质为不锈钢、有色金属（铜及铜合金）的管道组成件及管道支承件，在储存期间不得与碳素钢接触。暂时不进行安装的管道，应封闭管口。

2. 主要机具

（1）机械：套丝机、台钻、手电钻、砂轮切割机、等离子切割机、电锯、金刚砂轮、电焊机、电动试压泵、滚槽机、喷枪、空气压缩机、除锈机、墙体切槽机、不锈钢管卡压钳及管材生产厂家配套机械等。

（2）工具：套丝板、圆丝盘、卡压钳、管钳、链钳、台虎钳、割刀、手锤、螺栓扳手、活动扳手、手压泵、断管器、螺钉旋具、气焊工具、刮刀、锌刀、钢丝锯、砂布、砂纸、刷子、棉纱、钢剪、布剪及管材生产厂家配套机具等。

（3）计量器具：钢卷尺、钢板尺、角尺、水平尺、磁力线坠、卡尺、焊接检验尺、压力表、坡度测量仪、塞尺、水准仪、激光测距仪、红外线激光水平仪等。

3. 作业条件

（1）根据施工方案安排好适当的现场工作场地、工作棚、料具库，材料和设备堆放整齐、保护良好。

（2）地下管道铺设必须在回填土夯实或挖到管底标高，沿管线铺设位置清理干净，管道穿墙处已留管洞或安装套管（或者采用带混凝土块的预制穿墙套管模块，模块高度应为砌块高度的整数倍）后进行。其洞口尺寸和套管规格符合要求，坐标、标高正确。浇筑楼板孔洞、堵抹墙洞工作在土建装修工程开始前完成。

（3）暗装管道应在地沟未盖盖板或吊顶未封闭前进行安装，其型钢支架均应安装完毕并符合要求。

（4）明装干管安装必须在安装层的结构顶板完成后进行。沿管线安装位置的模板及杂物清理干净，支、吊架均已安装牢固，位置正确。

（5）立管安装应在主体结构完成后进行。高层建筑在主体结构达到安装条件后，适当插入进行。每层均应有明确的标高线，暗装立管竖井管道，应把竖井内的模板及杂物清除干净，并有防坠落措施。

（6）支管安装（包括暗装支管）应在墙体砌筑完毕，墙面未装修前进行。

1.4.2 操作工艺

1. 工艺流程

见 1.1。

2. 施工操作要点

1）管道预制加工

管道的连接方式一般按设计要求，当设计没要求时可根据管道系统不同的材质、不同的工作压力、不同的温度、不同的安装位置等情况确定，参见下表。

序号	管材选用	连接方式	切割机具
1	衬塑钢管	螺纹连接（DN ≤ 100 mm）、沟槽式连接或法兰连接（DN ≥ 100 mm）	切割机
2	钢塑复合管（衬塑钢管、涂塑钢管）	螺纹、法兰、沟槽式连接	锯床、盘锯、切割机
3	给水用改性聚丙烯（PP–R）管	热熔连接	切管器
4	阀门、水表等附件、管件与管道连接	螺纹连接、法兰连接	切管器

2）管道切割

（1）管道截断根据不同的材质采用不同的切割工具。

（2）断管：根据现场测绘草图，在选好的管材上画线，按线断管。管道切断前应移植原有标记。用砂轮锯断管，应将管材放在砂轮锯卡钳上，对准画线卡牢，进行断管。断管时压手柄用力要均匀，不要用力过猛。断管后要将管口断面的铁膜、毛刺清除干净。切口表面应平整，无裂纹、重皮、毛刺、凸凹、缩口、熔渣、氧化物、铁屑等。钢塑复合管截管宜采用锯床，不得采用砂轮切割。当采用盘锯切割时，其转速不得大于 800r/min。铜管、薄壁不锈钢管切割：可采用钢锯、砂轮锯，不得采用氧—乙炔焰切割。坡口加工采用刀或坡口机，不得采用氧—乙炔焰来切割加工。台虎钳钳口两侧应垫以木板衬垫，以防夹伤管道。

（3）管道切割时应在指定地点围护施工，作业人员应佩戴耳塞等必要的防护用品。使用砂轮机切断管道时，速度不得太快，应托住将被切断的管道。切割后的熔渣、氧化物、金属屑、废锯条、砂轮片应分类统一回收，集中处理。

3）钢管管道螺纹连接

螺纹连接管道安装后的管螺纹根部应有 2 ~ 3 扣的外露螺纹，多余的麻丝等填料应清理干净并作防腐处理。

（1）套丝：将断好的管材，按管径尺寸分次套制螺纹，一般以管径 15 ~ 32mm 者套两次，40 ~ 50mm 者套三次，70mm 以上者套 3 ~ 4 次为宜。

用套丝机套丝，将管材夹在套丝机卡盘上，留出适当长度将卡盘夹紧，对准板套号码，上好板牙，按管径对好刻度的适当位置，紧住固定板机，将润滑剂管对准丝头，开机推板，待丝扣套到适当长度，轻轻松板机。

用手工套丝板套丝，先松开固定板机，把套丝板板盘退到零度，按顺序号上好板牙，把板盘对准所需刻度，拧紧固定板机，将管材放在台虎钳压力钳内，留出适当长度卡紧，将套丝板轻轻套入管材，使其松紧适度，而后两手推套丝板，带上 2 ~ 3 扣，再站到侧面扳转套丝板，用力要均匀，待丝扣即将套成时，轻轻松开板机，开机退板，保持丝扣应有锥度。

（2）配装管件：根据现场测绘草图，将已套好丝扣的管材配装管件。

配装管件时应将所需管件带入管丝扣，试试松紧度（一般用手带入3扣为宜），在丝扣处涂铅油、缠麻后（或生料带等）带入管件（缠麻方向要顺向管件上紧方向），然后用管钳将管件拧紧，使丝扣外露 2 ~ 3 扣，去掉麻头，擦净铅油（或生料带等多余部分），编号放到适当位置等待调直。

根据配装管件的管径大小选用适当的管钳。

（3）管道套丝、螺纹加工、调直应在指定场所围护施工，作业人员应佩戴防护用品。管螺纹加工的金属屑、废麻丝（或生料带等）、废油、报废的设备及配件应分类统一回收，集中处理。

4）管道法兰连接

（1）凡管段与管段采用法兰盘连接或管道与法兰阀门连接者，必须按照设计要求和工作压力选用标准法兰盘。

（2）法兰盘的连接螺栓直径、长度应符合标准要求，紧固法兰盘螺栓时要对称拧紧，紧固好的螺栓，凸出螺母的丝扣长度应为2～3扣，不应大于螺栓直径的1/2。

（3）法兰盘连接衬垫，一般采用厚度为3mm的钢垫。

（4）法兰连接时衬垫不得凸入管内，其外边缘以接近螺栓孔为宜。不得安放双垫或偏垫。

5）衬塑管管道沟槽连接

（1）沟槽连接方式可适用于公称直径不小于65mm的涂（衬）塑钢管的连接。

（2）沟槽式管接头应符合国家现行的有关产品标准。

（3）沟槽式管接头的工作压力应与管道工作压力相匹配。

（4）用于输送热水的沟槽式管接头应采用耐温型橡胶密封圈。用于饮用净水管道的橡胶材质应符合现行国家标准《生活饮用水输配水设备及防护材料的安全性评价标准》GB/T 17219的要求。

（5）衬塑复合钢管，当采用现场加工沟槽并进行管道安装时，其施工应符合下列要求：

①应优先采用成品沟槽式涂塑管件。

②连接管段的长度应是管段两端口净长度减去6～8mm断料，每个连接口之间应有3～4mm间隙并用钢印编号。

③应采用机械截管，截面应垂直轴心，允许偏差为：管径不大

于 100mm 时，偏差不大于 1mm；管径大于 125mm 时，偏差不大于 1.5mm。

④管外壁端面应用机械加工成 1/2 壁厚的圆角。

⑤应用专用滚槽机压槽，压槽时管段应保持水平，钢管与滚槽机止面呈 90° 。压槽时应持续渐进，槽深应符合规定，并应用标准量规测量槽的全周深度。如沟槽过浅，应调整压槽机后再行加工。

⑥涂塑复合钢管的沟槽连接方式，宜用于现场测量、工厂预涂塑加工、现场安装。

⑦管段在涂塑前应压制标准沟槽。

⑧管段涂塑除涂内外壁外，还应涂管口端和管端外壁与橡胶密封圈接触部位。

6）给水用改性聚丙烯（PP-R）管、聚乙烯（PE）管管道连接

（1）切断管材时，必须使用切管器垂直切断，切断后应将切头清除干净。

（2）在管道插入深度处作记号（等于接头的承插深度）。

（3）把整个嵌入深度加热，包括管材和管件，在管材生产企业提供的焊接工具上进行。

（4）当加热完成后，把管材平稳而均匀地插入管件中，形成牢固而完美的结合，按规定时间冷却。

（5）热熔连接、电熔连接操作技术参数详见管材生产企业提供的操作说明书。

（6）PP-R 管、PE 管与其他管材的连接采用专用接头。

（7）熔接连接管道的结合面应具有均匀的熔接圈，不得出现局部熔瘤或熔接圈凸凹不均匀现象。

1.4.3 质量标准

1. 主控项目

（1）室内给水管道的水压试验必须符合设计要求。当设计未注明时，各种材质的给水管道系统试验压力均为工作压力的 1.5 倍，但不得小于 0.6MPa。

（2）给水系统交付使用前必须进行通水试验并做好记录。

（3）生产给水系统管道在交付使用前必须冲洗和消毒，并经有关部门取样检验，符合《生活饮用水卫生标准》GB 5749—2022 方可使用。

（4）室内直埋给水管道（塑料管道和复合管道除外）应作防腐处理。埋地管道防腐层材质和结构应符合设计要求。

（5）室内消火栓系统安装完成后应取屋顶层（或水箱间内）试验消火栓和首层取两处消火栓作试射试验，达到设计要求为合格。

（6）水泵就位前的基础混凝土强度、坐标、标高、尺寸和螺栓孔位置必须符合设计规定。

（7）水泵试运转的轴承温升必须符合设备说明书的规定。

（8）敞口水箱的满水试验和密闭水箱（罐）的水压试验必须符合设计与规范的规定。

2. 一般项目

1）给水引入管与排水排出管的水平净距不得小于 1m。室内给水与排水管道平行敷设时，两管间的最小水平净距不得小于 0.5m；交叉铺设时，垂直净距不得小于 0.15m。给水管应铺在排水管上面，若给水管必须铺在排水管的下面时，给水管应加套管，其长度不得小于排水管管径的 3 倍。

2）管道及管件焊接的焊缝表面质量应符合下列要求：

（1）焊缝外形尺寸应符合图纸和工艺文件的规定，焊缝高度不得低于母材表面，焊缝与母材应圆滑过渡。

（2）焊缝及热影响区表面应无裂纹、未熔合、未焊透、夹渣、弧坑和气孔等缺陷。

3）给水水平管道应有 2‰～5‰的坡度坡向泄水装置。

4）水表应安装在便于检修、不受暴晒、污染和冻结的地方。安装螺翼式水表时，表前与阀门应有不小于 8 倍水表接口直径的直线管段。表外壳距墙表面净距为 10～30mm；水表进水口中心标高按设计要求，允许偏差为 ±10mm。

5）安装消火栓水龙带时，水龙带与水枪和快速接头绑扎好后，应根据箱内构造将水龙带挂放在箱内的挂钉、托盘或支架上。

6）箱式消火栓的安装应符合下列规定：

（1）栓口应朝外，并不应安装在门轴侧。

（2）栓口中心距地面为 1.1m，允许偏差 ±20mm。

（3）阀门中心距箱侧面为 140mm，距箱后内表面为 100mm，允许偏差 ±5mm。

（4）消火栓箱体安装的垂直度允许偏差为 3mm。

7）水箱支架或底座安装，其尺寸及位置应符合设计规定，埋设平整、牢固。

8）水箱溢流管和泄放管应设置在排水地点附近，但不得与排水管直接连接。

9）立式水泵的减振装置不应采用弹簧减振器。

10）室内给水设备安装的允许偏差应符合下表规定。

<table>
<tr><th>序号</th><th colspan="3">项目</th><th>允许偏差（mm）</th><th>检验方法</th></tr>
<tr><td>1</td><td rowspan="3">静置设备</td><td colspan="2">坐标</td><td>15</td><td>采用经纬仪或拉线、尺量</td></tr>
<tr><td>2</td><td colspan="2">标高</td><td>±5</td><td>采用水准仪、拉线和尺量</td></tr>
<tr><td>3</td><td colspan="2">垂直度（每米）</td><td>5</td><td>采用吊线和尺量检查</td></tr>
<tr><td>4</td><td rowspan="4">离心式水泵</td><td colspan="2">立式泵体垂直度（每米）</td><td>0.1</td><td>采用水平尺和塞尺检查</td></tr>
<tr><td>5</td><td colspan="2">卧式泵体垂直度（每米）</td><td>0.1</td><td>采用水平尺和塞尺检查</td></tr>
<tr><td>6</td><td rowspan="2">联轴器同心度</td><td>轴向倾斜（每米）</td><td>0.8</td><td rowspan="2">在联轴器互相垂直的四个位置上用水准仪、百分表或测微螺钉和塞尺检查</td></tr>
<tr><td>7</td><td>径向位移</td><td>0.1</td></tr>
</table>

1.4.4 成品保护措施

（1）严禁在预置到位的模具、木砖、铁件上放置物件或踩踏。

（2）浇筑混凝土时应有专人看守，防止预埋件振动、移位或倾斜。

（3）套管制作后应妥善保管。封堵时严防将套管挤向一侧，防止套管上下窜动。

（4）管道在运输过程中要轻抬轻放；两侧挤紧，防止管道间相互撞击造成管道弯曲。

（5）不同材质的管道应分别分类存放，并挂牌标识。

（6）管道、管件、支架在焊接过程中严禁在母材上引弧。焊接的临时支撑点处焊瘤应及时清理干净，防止母材损伤。

（7）托架（钩）、吊架栽入墙体或顶棚后，在混凝土（或砂浆）强度未达到设计强度的75%时，严禁受外力，不准安装管道，不准踩、踏、摇动。各类支架在管道安装前均应完成防腐工序。

（8）严禁法兰螺栓浸水锈蚀。紧固法兰螺栓时不可用力过猛，不可一次拧到位。

（9）塑料管接口在冷却的过程中，不得移动或受力。冬期施工，对接过程时间不宜过长，否则会形成冰膜。撤出电热铁（电热平板模）时不可碰伤聚乙烯软化物。

（10）预制加工好的管段，应加临时管箍或用水泥袋纸将管口包好，防止管口变形、锈蚀。

（11）预制加工好的干、立、支管，要分项按编号排放整齐，用木枋垫好，不许大管压小管码放，并应防止脚踏、碰撞。

（12）刷油时，应防止污染地面、墙面及其他管道和设备等。

（13）干燥后的防腐管道应及时回填土。回填土初填时，严禁损坏管道保护层，以免影响工程质量。

（14）安装好的管道不得用作支撑或放脚手板，不得踏压，其支托支吊架不得作为其他用途的受力点。

（15）阀门的手轮在安装时应卸下，交工前统一安装完好。

（16）水表应有保护措施，为防止损坏，可统一在交工前装好。

（17）安装好的管道及设备在抹灰、喷涂前应做好防护处理，以免被污染。管道未连接前应对接口作临时封堵，以免污物进入管道。

（18）管道在试压、冲洗时必须注意防止介质泄漏，对其他专业工程造成损坏。

（19）必须在地沟及管井内已进行清理，不再有下道工序损坏保温层的前提下，方可进行保温施工。

（20）管道保温施工应在水压试验合格，防腐已完后方可进行，不能颠倒工序。

（21）保温材料进入现场不得雨淋或存在潮湿场所。不得站在保温材料上操作或行走。

（22）明装管道的保温，土建工程中若粉刷在后，应有防止污染保温层的措施。

（23）如有特殊情况需拆下保温层进行管道处理或其他工种在施工损坏保温层时，应及时按原样进行修复。

（24）埋设在楼板内的管道在土建打完垫层进行地面装饰施工前，应在地面上弹线示意管道位置，弹线范围内严禁剔凿、打眼、钉钉等，以免破坏直埋管道。

1.4.5 安全环保措施

1）现场临时电源和管线布设应安全。坑、沟和洞口周边应有围栏和警示标志。阴暗场所和夜间施工应有足够的照明。材料和设备堆放整齐、保护良好。作业棚不得设在高、低压线下方。

2）施工中坚持“三做到，四注意”。

（1）“三做到”：

①做到施工准备工作周到，劳动保护用具按规定穿戴整齐。

②做到施工操作时思想集中，认真负责，坚守岗位。

③做到施工机具有专人负责保养、保管，并保持机具性能良好。

（2）“四注意”：

①高空作业必须系好安全带。

②进入施工现场必须戴好安全帽。

③施工现场行走中必须注意脚下、头上、四周的机械和车辆。

④多人共同协作时，应相互注意安全。

3）高处作业：

（1）高处作业必须系好安全带，下面设有安全监护人员，防止坠落物体伤人并注意突发性不安全因素。

（2）各种梯子应安全可靠，合梯应有专人扶持。梯子与地面夹角以 60° ～ 70° 为宜。

（3）安全带使用前应认真检查。悬挂处应能承载足够重量，必须高挂低用。多人操作时，避免安全带相互缠绕。

（4）高处作业时，应注意架空电缆，不得在高压线 2m 以内空间作业。

（5）高处作业人员随身携带的工具袋应绑扎好，不得任其倾斜倒出物件。与地面人员上下递送物件时，小件应放入工具袋内提升或放下，大件用绳索绑扎时应防止脱落。

4）施工前组织工程施工、设备安装人员对每项作业所涉及的环境影响因素进行专项环境交底：避免因作业人员不掌握环境控制要求而造成噪声超标，有害气体、废水排放，热辐射、光污染、振动、扬尘、遗洒、漏油、废物遗弃等环境污染。

5）在施工过程中，应按企业和法律法规要求，对噪声、有害气体、废水排放，热辐射、光污染、振动、扬尘、遗洒、漏油、废物遗弃、火灾、爆破、泄漏、跑水等重要环境因素，严格按照环境管理措施、组织的管理程序、法律法规和其他要求进行控制；对噪声、扬尘、废水排放向当地环保部门办理相关手续，对火灾、泄漏等环境事故或事件及时上报并按环保部门的意见进行处置。

6）施工过程中，应使用环保的材料与产品，坚持能源、资源的回收利用与审慎利用相结合的原则，一方面对废弃后可以再生利用的材料、能源和资源，应考虑其再生利用；另一方面，对废弃处理后难以再生利用和降解的物质、材料审慎使用，以防产生新的环境污染。

7）拆卸设备、管道及其他产生扬尘的破拆作业，采取洒水、覆盖等防护措施，达到作业区目测扬尘高度小于 1.5m，不扩散到室外。

8）设备、管路、工作场地等除尘尽量采用吸尘器，避免使用压缩空气吹扫等易产生扬尘的设备。

9）合理安排施工工序，防止强噪声设备夜间作业扰民，对因生产工艺要求或其他特殊需要，确需在夜间进行强噪声施工的，施工单位应在施工前向有关部门提出申请，经批准后方可进行夜间施工，并公告附近居民，最大限度地减少施工噪声。

10）进行电焊作业应采取遮挡措施，避免电弧光外泄。

11）夜间施工应合理调整灯光照射范围和方向，在保证现场施工作业面有足够光源的条件下，减少对周围居民生活的干扰。

12）施工过程中产生的施工辅料、包装材料、容器用具等废弃物应分类存放、集中清运，严禁随意丢弃，做到工结、料清、场清。

13）易挥发的油漆、油料、有机溶剂和其他化学品未使用部分和使用后应进行封闭、覆盖，避免直接向大气挥发。

14）机电工程施工，宜采用 BIM 深化设计，在图纸中将管段分模块，标记好数字，进行工厂预制加工，然后再进行施工现场拼装，减少影响环境的现场作业环节。

2

2 排水管道安装施工工艺

2.1 U-PVC 管安装施工工艺

2.1.1 施工工艺流程

2.1.2 施工工艺标准图

序号	施工步骤	材料、机具准备	工艺要点	效果展示
1	管道切割	量尺、标记笔、断管机具	量好长度做好标识，固定好管道，选用细齿锯、割刀或专用 PVC-U 断管机具，将管材按要求长度垂直切开	
2	管口处理	板锉、砂纸、布	用板锉将断口毛刺和毛边去掉，并倒角。 用砂纸磨花粘结面。 在涂抹胶粘剂之前，用干布将承插口外粘结表面残屑、灰尘、水、油污擦净	
3	涂抹胶水	毛刷、胶水	用毛刷将胶粘剂迅速均匀地涂抹在插口外表面和承口内表面	
4	管道连接	—	找准管材和管件的中心，将管道轻微旋转着插入管件,完全插入后保持固定，以便胶粘剂均匀分布、固化	

续表

序号	施工步骤	材料、机具准备	工艺要点	效果展示
5	清除多余胶水	布	用布擦去管材表面多余的胶粘剂，在连接48h之后可通水试压。均匀分布固化	

2.1.3 控制措施

序号	预控项目	产生原因	预控措施
1	伸顶透气管高度不符合规范要求	（1）未根据现场实际情况分析屋面通气管道高度。 （2）在4m范围内有门窗时，应高出门、窗顶600mm，或引向无门、窗一侧	（1）上人屋面，通气管高于屋面完成面2m。 （2）不上人屋面，高出屋面完成面0.3m，且应高于当地最大积雪深度。 （3）若周围4m内有可开启的门窗，通气管应高出门窗上边缘0.6m，或引向无门窗侧
2	（1）卫生间排水管固定不牢固。 （2）支架螺纹处未设PVC保护套	（1）管箍在墙内埋设不牢固，受外力后变形、脱出。 （2）未考虑螺纹处防腐问题	（1）摘除已经变形、脱落的管卡并更换新的，确保埋设牢固。 （2）螺纹处使用PVC保护套
3	（1）塑料管未加装阻火圈。 （2）阻火圈固定点数量不足	（1）塑料管穿楼板部位未按规范要求加装阻火圈。 （2）工人图省事，固定螺栓未上全	（1）塑料管穿楼板部位按规范要求加装阻火圈。 （2）阻火圈固定螺栓应齐全、牢固

续表

序号	预控项目	产生原因	预控措施
4	排水末端使用 90° 弯头	（1）交底不到位。 （2）未确定支管末端与横管连接的弯头类型	排水立管与排出管端部的连接，应采用两个 45° 弯头或曲率半径不小于 4 倍管径的 90° 弯头

2.2 镀锌钢管（螺纹连接）安装施工工艺

2.2.1 施工工艺流程

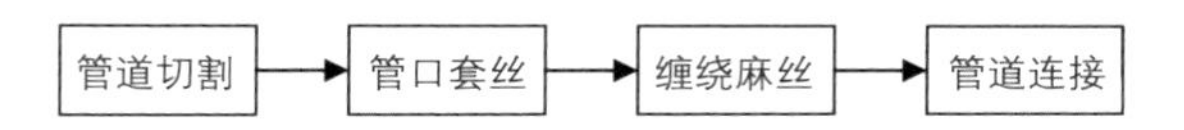

2.2.2 施工工艺标准图

序号	施工步骤	材料、机具准备	工艺要点	效果展示
1	管道切割	量尺、标记笔、套丝机	将待加工管道由套丝机后端插入至合适位置，夹紧卡盘；放下割刀并夹紧，启动机器并根据转速逐步夹紧割刀进行切割	
2	管口套丝	套丝机	更换板牙，调整位置，启动电机后旋转手柄完成套丝；用刮刀进行内孔倒角；检查管道螺纹	
3	缠绕麻丝	布、麻丝	清除丝扣端部机油、金属屑等杂质；填料应采用麻丝，麻丝不得进入管腔内	

续表

序号	施工步骤	材料、机具准备	工艺要点	效果展示
4	管道连接	刷子、防锈漆	连接时，一次装紧，不得倒回，紧后留有螺纹 2 ~ 3 圈；外露丝口处用防锈漆涂抹加以保护	

2.2.3 控制措施

序号	预控项目	产生原因	预控措施
1	（1）管道丝接处露出螺纹过多。 （2）外露螺纹生锈	（1）交底不到位，工人施工不按照规范进行，外螺纹随意车丝。 （2）外露螺纹未进行防腐处理	（1）管道螺纹连接，接头处应外露 2 ~ 3 扣螺纹。 （2）外露螺纹要进行防腐处理。 （3）管道套丝时应根据管件内螺纹数量控制管道螺纹数
2	压力排水管道缺少软接等组件	（1）图纸识读不清楚。 （2）管理人员交底不到位。 （3）未及时跟进检查施工进度情况	（1）压力排水管道应按照图纸设计设置软接头、闸阀、止回阀、压力表等，并严格按照图纸设计组件的次序进行安装。 （2）压力排水系统构件从下向上依次为：软接头 – 支架 – 压力表 – 止回阀 – 闸阀 – 支架
3	吊模采用钢丝固定，加大后期渗漏风险	（1）未做好交底。 （2）工作界面划分不清	（1）洞口开洞采用水钻。 （2）吊模时采用专业模具固定。 （3）吊模工作由土建相关专业作业人员实施

2.3 镀锌钢管（沟槽连接）安装施工工艺

2.3.1 施工工艺流程

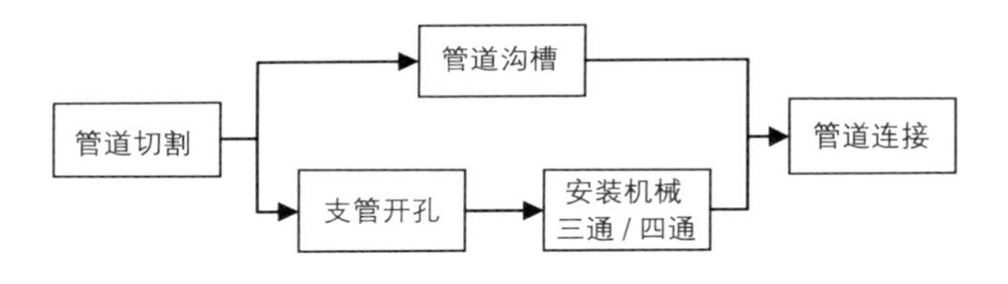

2.3.2 施工工艺标准图

1. 沟槽式管接头安装

序号	施工步骤	材料、机具准备	工艺要点	效果展示
1	管道切割	量尺、标记笔、电动切管机	根据钢管直径，选取辅助底架安放钢管，调节机器并启动，钢管断开后，松开油泵（千斤顶）放油螺钉，关停电机，取下钢管，继续下次作业	
2	管道压制	管道压槽机、游标卡尺	检查管道加工端应平整，无毛刺，将需加工沟槽的管子水平架设在滚槽机上，管子端面与滚槽机止推面贴紧，启动滚槽机电机，压出沟槽后停机，用游标卡尺量测沟槽的深度和宽度，当沟槽的深度和宽度符合要求后，取出管子	

续表

序号	施工步骤	材料、机具准备	工艺要点	效果展示
3	管道连接	限力扳手、润滑剂	检查端口两端无问题后进行安装，在橡胶密封圈上涂抹润滑剂,接另一端口，安放沟槽式接头，在卡箍螺孔位置穿上螺栓并均匀轮换拧紧螺母	详见管道安装连接过程流程图

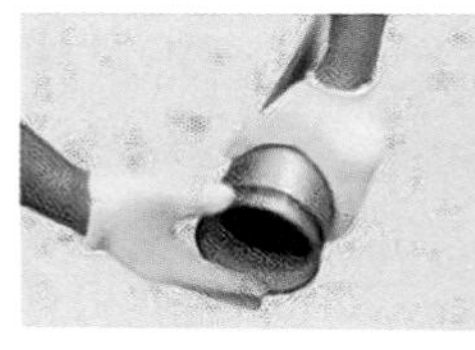

1. 检查钢管端部毛刺

2. 密封圈唇部及背部涂润滑剂

3. 将密封圈套入管端

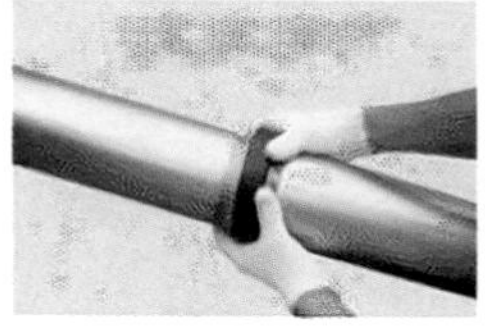

4. 密封圈套入另一段钢管

5. 卡入卡件

6. 用限力扳手上紧螺栓

管道安装连接过程流程图

2. 开孔式管接头安装

序号	施工步骤	材料、机具准备	工艺要点	效果展示
1	管道机械开孔	开孔机	将开孔机固定在管子预定开孔处，开启机器，操作杠杆缓慢压下，开孔完毕后清理残渣，若孔洞有毛刺，应打磨光滑	
2	管道连接	限力扳手、润滑剂	检查孔位、尺寸符合要求，周围无毛刺且光滑，将放置有橡胶密封圈的机械三通或机械四通的接头与孔洞中心对准，间隙均匀，合上另一半接头，在螺孔位置穿上螺栓并均匀轮换拧紧螺母	详见管道机械三通、四通安装过程流程图

1. 密封圈涂润滑剂

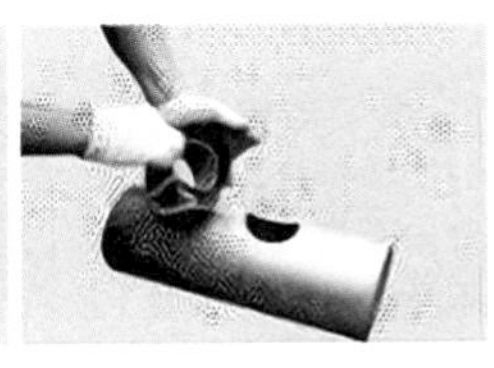

2. 密封圈放入机械三通密封槽

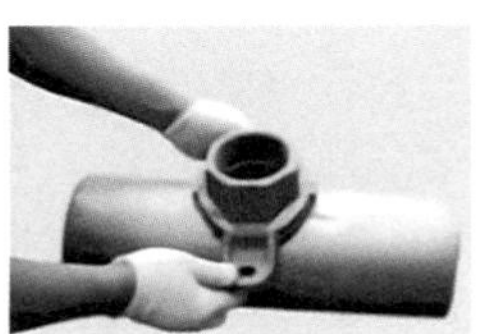

3. 机械三通卡入钢管洞口

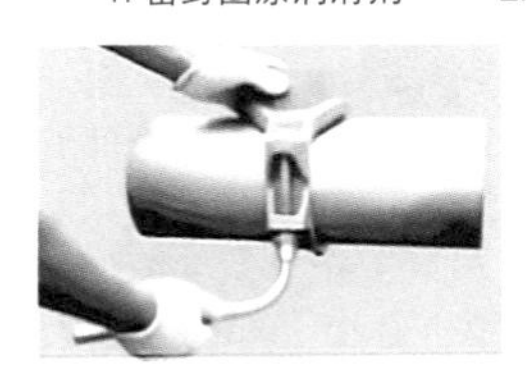

4. 用限力扳手上紧螺栓

管道机械三通、四通安装过程流程图

2.3.3 控制措施

序号	预控项目	产生原因	预控措施
1	沟槽压制成型质量差	管道沟槽加工深浅不均，偏斜，管口毛刺未清理	（1）加工前检查管材外观质量，管壁镀锌均匀，内外光滑整洁，无锈蚀、飞刺、裂纹、重皮现象；切口断面与钢管中轴线垂直，切口如有毛刺，应用砂轮机打磨光滑。 （2）管道在沟槽机上固定，用水平尺抄平，确保管道处于水平位置。 （3）管道加工端断面紧贴滚槽机，使钢管中轴线与滚轮面垂直。 （4）千斤顶应缓慢加压，使上压轮均匀滚压管道，至预定沟槽深度为止
2	沟槽连接的横管支吊架设置不当	（1）由于沟槽式管件的结构特点以及沟槽滚沟质量，在管道水压及温度发生变化时，管道会产生一定的轴向力和位移，当其变化超过一定界限时，就有可能造成接口松脱或渗漏。 （2）横管接头部位两侧设置支吊架的目的除支承管道重量外，主要是对管道轴向力和位移加以限制	（1）《沟槽式连接管道工程技术规程》T/CECS 151—2019规定：横管吊架（托架）应设置在接头（刚性接头、挠性接头、支管接头）两侧和三通、四通、弯头、异径管等管件上下游连接接头的两侧。 （2）吊架（托架）与接头的净间距不宜小于150mm和大于300mm

2.4 铸铁管安装施工工艺

2.4.1 W 型卡箍连接

1. 施工工艺流程

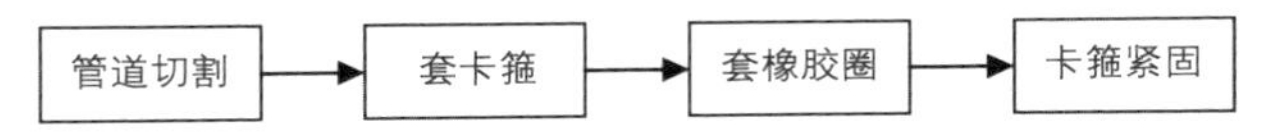

2. 施工工艺标准图

序号	施工步骤	工艺要点	效果展示
1	管道切割	施工安装应根据需要长度，把直管固定牢固，用砂轮切割机断开，断面应垂直、光滑，不得有飞边、毛刺，以免刺伤橡胶密封圈	
2	套卡箍	用卡箍连接专用扳手或者螺钉旋具松开卡箍螺栓，取出橡胶圈，将卡箍套入下部管道	
3	套橡胶圈	将橡胶圈套入下部管道一端，将上部管子插入橡胶圈，使两个接口平整对好。最后将卡箍套入橡胶圈	

续表

序号	施工步骤	工艺要点	效果展示
4	卡箍紧固	用卡箍连接专用扳手或者螺钉旋具紧锁卡箍螺栓，使紧箍带紧固到位即可，防止紧力过大，螺栓打滑	

2.4.2 A 型法兰连接

1. 施工工艺流程

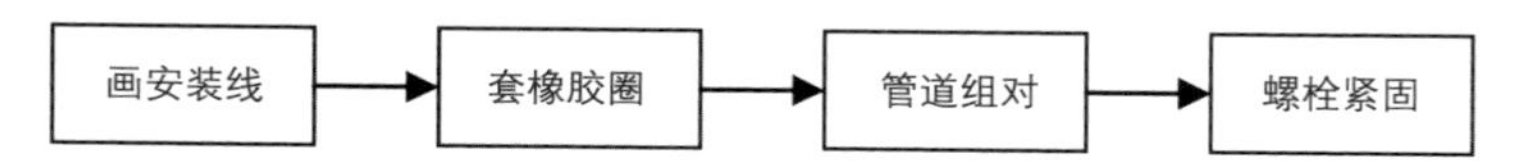

2. 施工工艺标准图

序号	施工步骤	工艺要点	效果展示
1	画安装线	在插口上面画好安装线，承插口端部的间隙取 5 ~ 10mm，在插口外壁上画好安装线，安装线所在平面应与管的轴线垂直	
2	套橡胶圈	在插口端先套入法兰压盖，再套入胶圈，胶圈边缘与安装线对齐	

续表

序号	施工步骤	工艺要点	效果展示
3	管道组对	将插口端插入承口内，为保持橡胶圈在承口内深度相同，在推进过程中，尽量保证插入管的轴线与承口轴线在同一直线上	
4	螺栓紧固	紧固螺栓，使胶圈均匀受力，螺栓紧固不得一次到位，要逐个逐次逐渐均匀紧固	

2.4.3 控制措施

序号	预控项目	产生原因	预控措施
1	支吊架缺失，存在安全隐患	（1）铸铁管支架间距不足。 （2）立管底部及转弯处未设承重或固定支架	（1）铸铁管管道横管支架严格按照设计及规范要求加设。 （2）铸铁排水管道上的支吊架应固定在承重结构上。固定间距：横管不大于2m；立管不大于3m。楼层高度小于或等于4m时，立管可安装1个固定件。立管底部的弯头处应设支墩或采取固定措施。 （3）排水横管在平面转弯时，弯头处应增设支吊架

续表

序号	预控项目	产生原因	预控措施
2	（1）雨水立管安装严重滞后。 （2）穿过建筑线条处开洞，位置错误	（1）工序穿插协调不到位导致雨水管安装滞后。 （2）工人安装时错误定位，技术人员未及时发现定位错误	（1）雨水管道安装应在外墙保温和涂料粉刷前。穿越线条时，孔洞应位置正确。 （2）要符合设计图纸要求

2.5 HDPE 管安装施工工艺

2.5.1 施工工艺流程

2.5.2 施工工艺标准图

序号	施工步骤	材料、机具准备	工艺要点	效果展示
1	管道切割	布、断管机具	将管材按要求长度垂直切开；用干净的布清除两管端污物	
2	管口固定	热熔对焊机	把相应的管件固定在管道箍紧装置上呈一条直线	

序号	施工步骤	材料、机具准备	工艺要点	效果展示
3	管口切削	热熔对焊机	把管件小心地顶在切割盘上，切割管端直到使管端完全平直、干净为止。把两个管件合拢，观察切割面是否正确	
4	加热焊接	热熔对焊机	用焊接片熔焊管端（绿灯亮）直到焊接面凸出处达到相应的要求大小（取决于管径的大小）	
5	焊接成型	热熔对焊机	把两管件按要求的焊接压力（参见刻度）仔细地碰拢。在焊接处完全冷却前，不要松开锁扣把手（大约 40s）	

2.6 技术交底

2.6.1 施工准备

1. 材料准备

（1）管材、管件：塑料管、铸铁管、钢管、镀锌钢管及配套管件；清扫口、透气帽等。

（2）接口材料：胶圈、碳钢焊条等。

（3）水源、电源、生料带、短管、胶垫、阀门、打气筒、压力表、输水胶管、胶囊、胶球、小白线、粉（石）笔、砂布（纸）、乙炔气、氧气、锯条、机油。

2. 主要机具

（1）机具：套丝机、电焊机、台钻、冲击钻、电锤、切割机、砂轮机等。

（2）工具：套丝扳、手锤、大锤、断管器、压力案、台虎钳、管钳、小车等。

（3）其他：水平尺、磁力线坠、钢卷尺、小线等。

3. 作业条件

（1）地下排水管道的铺设必须在基础墙达到或接近 ±0.000 标高、回填土回填到管底或稍高的高度，房心内沿管线位置无堆积物，且管道穿过建筑基础处，已按设计要求预留好管洞。

（2）设备层内排水管道的铺设，应在设备层内模板拆除、清理后。

（3）楼层内排水管道的安装，应与结构施工隔开 1 ~ 2 层，管道穿越结构部位的孔洞等均已预留完毕，室内模板或杂物清除后，室内弹出房间尺寸线及准确的水平线。

2.6.2 操作工艺

1. 工艺流程

施工准备→预制加工→干管安装→立管安装→卡件固定→封堵洞口→灌水试验→通水试验→通球试验→封口。

2. 施工操作要点

1）通用要求

（1）生活污水柔性连接铸铁管道的坡度必须符合设计要求或下表的规定。

项次	管径（mm）	标准坡度（‰）	最小坡度（‰）
1	50	35	25
2	75	25	15
3	100	20	12
4	125	15	10
5	150	10	7
6	200	8	5

（2）生活污水塑料管道的坡度必须符合设计要求或国家规范的规定。坡度值见下表。

项次	管径（mm）	标准坡度（‰）	最小坡度（‰）
1	50	25	12
2	75	15	8
3	110	12	6
4	125	10	5
5	160	7	4

（3）金属排水管道上的吊钩或卡箍应固定在承重结构上。固定件间距：横管不大于2m；立管不大于3m。楼层高度小于或等于4m时，立管可安装1个固定件。立管底部的弯管处应设支墩或采取固定措施。

（4）排水塑料管道支、吊架间距应符合下表的规定。

管径(mm)	50	75	110	125	160
立管（m）	1.2	1.5	2.0	2.0	2.0
横管（m）	0.5	0.75	1.1	1.3	1.6

（5）用于室内排水的水平管道与水平管道、水平管道与立管的

连接，应采用 45° 三通或 45° 四通和 90° 斜三通或 90° 斜四通。立管与排出管端部的连接，应采用两个 45° 弯头或曲率半径不小于 4 倍管径的 90° 弯头。

（6）在生活污水管道上设置的检查口或清扫口，当设计无要求时应符合下列规定：

在立管上每隔一层设置一个检查口，但在最底层和有卫生器具的最高层必须设置。如为两层建筑时，可仅在底层设置立管检查口；如有乙字弯管时，则在该层乙字弯管上部设置检查口。检查口中心高度距操作地面一般为 1m，允许偏差 ±20mm；检查口的朝向应便于检修。暗装立管，在检查口处应安装检修门。

随着新材料的应用，以上规定可适当放宽为：柔性铸铁排水立管上检查口之间的距离不宜大于 10m，塑料排水立管宜每六层设置一个检查口。建筑物最底层和有卫生器具的最高层必须设置检查口。如为两层建筑时，可仅在底层设置立管检查口。当立管水平拐弯或有乙字弯管时，应在该层立管拐弯处和乙字弯管的上部设置检查口。检查口中心高度距操作地面宜为 1m，并应高于该层卫生器具上边缘 0.15m，允许偏差 ±20mm。检查口的朝向应便于检修。暗装立管，在检查口处应安装检修门。

在连接 2 个及 2 个以上大便器或 3 个及 3 个以上卫生器具的铸铁排水横管上宜设置清扫口。在连接 4 个及 4 个以上大便器的塑料排水横管上宜设置清扫口。当排水管在楼板下悬吊敷设时，若排水管起点设置堵头代替清扫口时，堵头与墙面距离不得小于 400mm；也可将清扫口设在上一层楼地面上，排水管起点的清扫口与管道相垂直的墙面距离不得小于 200mm。

为了检修方便，建议优先采用将清扫口设置在上一层楼面上的方式。

在转角小于135°的排水横管上，应设置检查口或清扫口：排水横管的直线管段，检查口或清扫口的设置应符合设计要求；管道清扫口的操作面应利于操作。

埋在地下或地板下的排水管道的检查口，应设在检查井内。井底表面标高与检查口的法兰相平，井底表面应有5%坡度，坡向检查口。

通向室外的排水管，穿过墙壁或基础必须下返时，应采用45°三通和45°弯头连接，并应在垂直管段顶部设置清扫口。

排水塑料管必须按设计要求及位置装设伸缩节，如设计无要求时，伸缩节的间距不得大于4m。排水横管上的伸缩节位置必须装设固定支架。

立管伸缩节设置位置应靠近水流汇合管件处,并应符合下列规定:立管穿越楼层处为固定支承且排水支管在楼板之上接入时，伸缩节应设置于水流汇合管件之下；立管穿越楼层处为固定支承且排水支管在楼板之下接入时，伸缩节应设置于水流汇合管件之上；立管穿越楼层处为不固定支承时，伸缩节应设置于水流汇合管件之上或之下。

高层建筑中明设排水塑料管道应按设计要求设置阻火圈或防火套管。

由室内通向室外排水检查井的排水管，井内引入管应高于排出管或两管顶相平，并有不小于90°的水流转角，如跌落差大于300mm可不受角度限制。

排水通气管不得与风道或烟道相连，且应符合下列规定：通气管应高出屋面300mm，但必须大于最大积雪厚度；在通气管出口4m以内有门、窗时，通气管应高出门、窗顶600mm或引向无门、窗一侧；在经常有人停留的平屋顶上，通气管应高出屋面2m，并应根据防雷要求设置防雷装置；屋顶有隔热层时，应从隔热层板面算起。

安装未经消毒处理的医院含菌污水管道时，不得与其他排水管道直接连接。

饮食业工艺设备引出的排水管及饮用水水箱的溢流管，不得与污水管道直接连接，并应留出不小于 100mm 的隔断空间。管口应加装密目防虫网。

2）污水干管的安装

（1）根据污水干管的尺寸进行管沟开挖，沟底应平整、坡度符合要求，并用机械夯实。

（2）管沟开挖完毕后，应尽快敷设污水干管，敷设前将管沟内的杂物、硬物等处理干净。

（3）管道敷设时，应注意管道保护，避免划痕、碰伤。

（4）管道敷设完毕后，进行标高及坡度复测，复测无误后，进行管道灌水试验。如干管为镀锌钢管，则灌水试验完毕后还应按防腐要求进行防腐。

（5）试验合格后方可进行土方回填，回填时宜采用原土，管道两侧及管顶以上回填宽度和高度不宜小于 500mm；回填管沟内应无积水。管顶 500mm 以上部位的回填，可采用机械从管道轴线两侧同时均匀进行，可采用小型机械夯实。

3）污水立管的安装

（1）根据施工图校对预留管洞尺寸，如系预制混凝土楼板则需剔凿楼板洞，应按位置画好标记，对准标记剔凿。如需要断筋，必须征得土建施工人员同意，按规定要求处理。

（2）安装立管应两人上下配合，一人在上一层楼板上，由管洞内投下一个绳头，下面一人将预制好的立管上半部拴牢，上拉下托将立管下部固定于下层立管上。

（3）立管安装完毕后，配合土建进行洞口封堵。如系高层建筑或管道井内，应按设计要求用型钢做固定支架。

4）污水支管安装

（1）支管安装应先搭好架子，并将托架按坡度栽好，或栽好吊卡，量准吊杆尺寸，将预制好的管道托到架子上，再将支管插入立管预留口内。

（2）支管设在吊顶内时末端应有清扫口，应将管接至上层地面上，便于清扫。

（3）支管安装完后，可将卫生洁具或设备的预留管安装到位，找准尺寸并配合土建将楼板孔洞堵严，预留管口装上临时封堵。

5）室内排水管道安装的允许偏差应符合下表的规定

<table>
<tr><th>序号</th><th colspan="4">项目</th><th>允许偏差（mm）</th><th>检验方法</th></tr>
<tr><td>1</td><td colspan="4">坐标</td><td>15</td><td rowspan="12">用水准仪（水平尺）、直尺、拉线和尺量检查</td></tr>
<tr><td>2</td><td colspan="4">标高</td><td>± 15</td></tr>
<tr><td rowspan="10">3</td><td rowspan="10">横管纵横方向弯曲</td><td rowspan="2">铸铁管</td><td colspan="2">每 1m</td><td>≤ 1</td></tr>
<tr><td colspan="2">全长（25m 以上）</td><td>≤ 25</td></tr>
<tr><td rowspan="4">钢管</td><td rowspan="2">每 1m</td><td>管径小于或等于 100mm</td><td>1</td></tr>
<tr><td>管径大于 100mm</td><td>1.5</td></tr>
<tr><td rowspan="2">全长（25m 以上）</td><td>管径小于或等于 100mm</td><td>≤ 25</td></tr>
<tr><td>管径大于 100mm</td><td>≤ 38</td></tr>
<tr><td rowspan="2">塑料管</td><td colspan="2">每 1m</td><td>1.5</td></tr>
<tr><td colspan="2">全长（25m 以上）</td><td>≤ 38</td></tr>
<tr><td rowspan="2">钢筋混凝土管、混凝土管</td><td colspan="2">每 1m</td><td>3</td></tr>
<tr><td colspan="2">全长（25m 以上）</td><td>≤ 75</td></tr>
</table>

续表

序号	项目			允许偏差（mm）	检验方法
4	立管垂直度	铸铁管	每 1m	3	吊线和尺量检查
			全长（5m 以上）	≤ 15	
		钢管	每 1m	3	
			全长（5m 以上）	≤ 10	
		塑料管	每 1m	3	
			全长（5m 以上）	≤ 15	

6）试验隐蔽或埋地的排水管道在隐蔽前必须作灌水试验

（1）工艺流程：封闭排出管口→向管道内灌水检查→作灌水试验并记录→通球试验。

（2）灌水试验操作：

试验时应采用特制的胶囊充气装置，胶囊的规格应与被试验的管道配套并且无漏气，压力表有指示。

用卷尺测量由立管检查口至下层楼最低横支管的垂直距离并加长 500mm，记住此长度并将此长度标识在胶囊与胶囊连接的胶管上，作出记号，以控制胶囊插入立管的深度。

打开立管检查口，将胶囊从此口慢慢向下送至所需长度，然后将胶囊充气，观察压力表值，指针上升至 0.08 ~ 0.1MPa 为宜，使胶囊与管内壁紧密接触、存水不漏为度。若检查口设计为隔一层装一个，则立管未设检查口的楼层管道灌水试验，应将胶囊从下层立管的检查口向上送入约 0.5m，操作人员在下层充气，上层灌水。注意：胶囊要避免放在立管管件接头处，因为该处内壁有接缝，影响堵水严密性。

所在楼面的灌水口（或者检查口）灌水至楼面高度，然后对灌水管道及管件接口逐一检查，15min 内不渗不漏、水面不下降为合格。

取出胶囊后，水应很快排走，如下水很慢，则需清理管道内杂物。

灌水试验应分区段（分层）进行，并做好记录。

（3）通球试验：

为防止杂物卡在管道内，排水主立管及水平干管管道均应作通球试验，通球球径不小于排水管道管径的 2/3，通球率必须达到 100%。胶球直径的选择可参见下表。

球径（mm）	75	100	160
胶球直径（mm）	50	75	100

试验顺序为从上而下进行，以不堵为合格。

胶球从排水立管顶端或水平干管末端投入，通球过程如遇堵塞，应查明位置进行疏通，直到通球无阻为止。

通球完毕，须分区、分段进行记录，填写通球试验记录。

2.6.3 质量标准

1. 主控项目

（1）隐蔽或埋地的排水管道在隐蔽前必须作灌水试验，其灌水高度应不低于底层卫生器具的上边缘或底层地面高度。

（2）生活污水铸铁管道的坡度必须符合设计要求或下表规定。

序号	管径（mm）	标准坡度（‰）	最小坡度（‰）
1	50	35	25
2	75	25	15
3	100	20	12
4	125	15	10
5	150	10	7
6	200	8	5

（3）生活污水塑料管道的坡度必须符合设计要求或下表规定。

序号	管径（mm）	标准坡度（‰）	最小坡度（‰）
1	50	25	12
2	75	15	8
3	110	12	6
4	125	10	5
5	160	7	4

（4）排水塑料管必须按设计要求及位置装设伸缩节。如设计无要求时，伸缩节间距不得大于 4m。高层建筑中明设排水塑料管道应按设计要求设置阻火圈或防火套管。

（5）排水主立管及水平干管管道均应作通球试验，通球球径不小于排水管道管径的 2/3，通球率必须达到 100%。

（6）安装在室内的雨水管道安装后应作灌水试验，灌水高度必须到每根立管上部的雨水斗。

（7）雨水管道如采用塑料管，其伸缩节安装应符合设计要求。

（8）悬吊式雨水管道的敷设坡度不得小于 5‰；埋地雨水管道的最小坡度应符合下表规定。

序号	管径（mm）	最小坡度（‰）
1	50	20
2	75	15
3	100	8
4	125	6
5	150	5
6	200 ~ 400	4

2. 一般项目

1）在生活污水管道上设置的检查口或清扫口，当设计无要求时应符合下列规定：

（1）在立管上应每隔一层设置一个检查口，但在最底层和有卫生器具的最高层必须设置。如为两层建筑时，可仅在底层设置立管检查口；如有乙字弯管时，则在该层乙字弯管的上部设置检查口。检查口中心高度距操作地面一般为 1m，允许偏差 ±20mm；检查口的朝向应便于检修。暗装立管，在检查口处应安装检修门。

（2）在连接 2 个及 2 个以上大便器或 3 个及 3 个以上卫生器具的污水横管上应设置清扫口。当污水管在楼板下悬吊敷设时，可将清扫口设在上一层楼地面上，污水管起点的清扫口与管道相垂直的墙面距离不得小于 200mm；若污水管起点设置堵头代替清扫口时，与墙面距离不得小于 400mm。

（3）在转角小于 135° 的污水横管上，应设置检查口或清扫口。

（4）污水横管的直线管段，应按设计要求的距离设置检查口或清扫口。

2）埋在地下或地板下的排水管道的检查口，应设在检查井内。井底表面标高与检查口的法兰相平，井底表面应有 5% 坡度，坡向检查口。

3）金属排水管道上的吊钩或卡箍应固定在承重结构上。固定件间距：横管不大于 2m；立管不大于 3m。楼层高度小于或等于 4m 时，立管可安装 1 个固定件。立管底部的弯管处应设支墩或采取固定措施。

4）排水塑料管道支、吊架间距应符合相关规定。

5）排水通气管不得与风道或烟道连接，且应符合下列规定：

（1）通气管应高出屋面 300mm，但必须大于最大积雪厚度。

（2）在通气管出口 4m 以内有门、窗时，通气管应高出门、窗顶 600mm 或引向无门、窗一侧。

（3）在经常有人停留的平屋顶上，通气管应高出屋面 2m，并应根据防雷要求设置防雷装置。

（4）屋顶有隔热层时应从隔热层板面算起。

6）安装未经消毒处理的医院含菌污水管道时，不得与其他排水管道直接连接。

7）饮食业工艺设备引出的排水管及饮用水水箱的溢流管，不得与污水管道直接连接，并应留出不小于 100mm 的隔断空间。

8）通向室外的排水管，穿过墙壁或基础必须下返时，应采用 45° 三通和 45° 弯头连接，并应在垂直管段顶部设置清扫口。

9）由室内通向室外排水检查井的排水管，井内引入管应高于排出管或两管顶相平，并有不小于 90° 的水流转角，如跌落差大于 300mm 可不受角度限制。

10）用于室内排水的水平管道与水平管道、水平管道与立管的连接，应采用 45° 三通或 45° 四通和 90° 斜三通或 90° 斜四通。立管与排出管端部的连接，应采用两个 45° 弯头或曲率半径不小于 4 倍管径的 90° 弯头。

11）室内排水管道和雨水管道安装的允许偏差应符合前述相关规定。

12）雨水管道不得与生活污水管道相连接。

13）雨水斗、管的连接应固定在屋面承重结构上。雨水斗边缘与屋面相连处应严密不漏。连接管管径当设计无要求时，不得小于 100mm。

14）悬吊式雨水管道的检查口或带法兰堵口的三通的间距应符合下表规定。

序号	悬吊管直径（mm）	检查口间距（m）
1	≤ 150	≤ 15
2	≥ 200	≤ 20

15）雨水钢管管道焊接的焊口允许偏差应符合下表规定。

序号	项目			允许偏差	检验方法
1	焊口平直度	管壁厚 10mm 以内		管壁厚的 1/4	焊接检验尺和游标卡尺检查
2	焊缝加强面	高度		+1mm	
		宽度			
3	咬边	深度		小于 0.5mm	直尺检查
		长度	连续长度	25mm	
			总长度（两侧）	小于焊缝长度的 10%	

2.6.4 成品保护措施

（1）应对管口进行临时封闭，确保杂物不能落入管内。

（2）不许在安装好的托、吊管道搭设架子或推吊物品；竖井内管道在每层楼板处要做型钢支架固定。

（3）室内装修前，应制订相应措施对立管加以保护，以防污染或损坏立管。

（4）灌水合格和管道通球验收后，应立即对管道进行防腐等处理，及时进行管道隐蔽。不能及时隐蔽的，应采取有效防护措施，防止损坏管道，重作灌水试验。

（5）地下管道灌水合格、回填土前，对低于回填土高度的管口，应作出明显标志（如埋一短管、木桩等高出回填土）。必须先人工回填 300mm 厚土层，再大面积回填土。

（6）在回填土时，对已铺设好的管道上部要先用细土覆盖，并逐层夯实，不许在管道上部用机械夯土。

2.6.5 安全环保措施

（1）下管沟检查前及接口前，应先检查沟壁，排除塌方危险。

（2）尽量避免在管沟边上行走、脚踏和停留。

（3）向沟内下管时，使用的绳索固定必须牢固，管下面的沟内不得有人。

（4）使用电气设备时应由专业人员接通、拆除线路，不可自行违章操作。

（5）试验用水不得排放在被试验的管段（沟）内。

（6）灌水试验时，严格按先后次序操作，不得颠倒。

3

3

排水器具安装施工工艺

3.1 雨水斗安装施工工艺

3.1.1 施工工艺流程

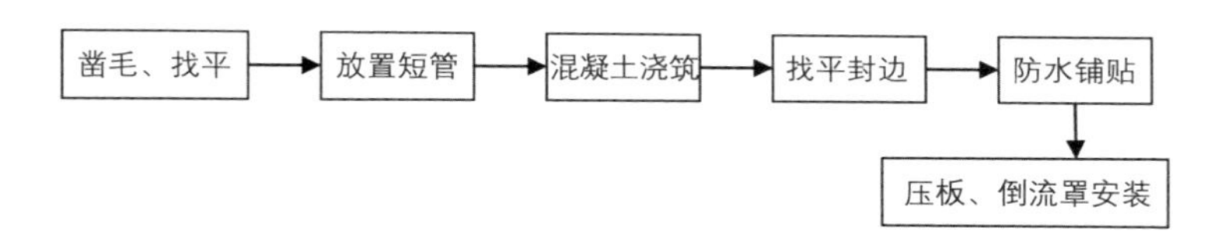

3.1.2 施工工艺标准图

序号	施工步骤	材料、机具准备	工艺要点	效果展示
1	凿毛、找平	电锤、钢板	对预留孔洞内壁进行凿毛，并将孔洞内壁及四周清理干净，且在洞口两侧放置两块厚度为 3mm 的钢板	
2	放置短管	短管、模板	与洞孔同心放置雨水斗铸铁短管，用模板对铸铁短管周围孔洞进行吊模	
3	混凝土浇筑	细石混凝土	采用 C20 细石混凝土浇筑，第一次浇筑后宜低于楼板面 20 ~ 30mm，24h 后进行二次浇筑。密封高垫底时将铸铁短管一圈与结构板间密封填实，并填至短管承口	

序号	施工步骤	材料、机具准备	工艺要点	效果展示
4	找平封边	砂浆、密封膏	结构、保温两次找平，密封膏封边	
5	防水铺贴	防水卷材、密封膏	防水层施工时均需收口至铸铁短管承口内，密封膏封边需填满铸铁短管承口	
6	压板、导流罩安装	压板、导流罩	安装压板，插入螺栓使压板固定，安装导流罩	

3.1.3 控制措施

序号	预控项目	产生原因	预控措施
1	平屋面上的虹吸雨水口周围未设置集水坑	（1）土建配合不到位。 （2）读图不清，造成无法产生虹吸效应	协调土建单位，按照图纸要求尺寸，在雨水口周围设置集水坑
2	雨水斗翼环损坏	无成品保护措施和意识，铸铁件质脆、易断裂	使用合格的87型四件套雨水斗

3.2 地漏安装施工工艺

3.2.1 施工工艺流程

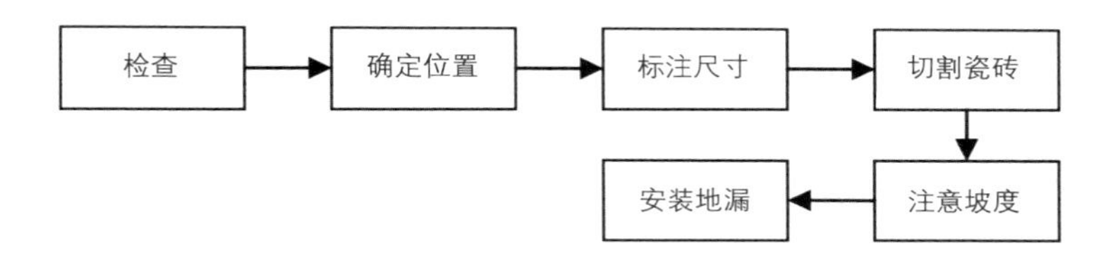

3.2.2 施工工艺标准图

序号	施工步骤	材料、机具准备	工艺要点	效果展示
1	检查	抹布、刷子	在安装前，对排水管的内部进行检查，检查管口上是否有污渍、管道内部是否有砂砾、泥土，并及时清除干净。 若排水管距离地面过近，应将排水管适量裁短，要使地漏安装后面板略低于地面	
2	确定位置	卷尺、记号笔	根据瓷砖铺装图，确定地漏的精确位置，确保和现场一致	
3	标注尺寸	切割机、记号笔	用准备好的地漏，在砖面画出铺贴的尺寸，使用铅笔对切割线进行标注	

续表

序号	施工步骤	材料、机具准备	工艺要点	效果展示
4	切割瓷砖	切割机、记号笔	用切割机精准切割出地漏的四边瓷砖，确保切割地砖尺寸吻合	
5	注意坡度	切割机、刮板	把水泥浆均匀地涂抹到瓷片上,适当调整铺贴位置。铺贴瓷砖时需注意地面瓷砖要与留空的地漏位置做好对缝。坡度一般设在5°以内，最大限度保证流水的顺畅	
6	安装地漏	切割机、地漏	取出地漏，用水泥砂浆涂抹在地漏四边，安装在铺贴好的瓷砖中间，与排水管密切结合	

3.2.3 控制措施

预控项目	产生原因	预控措施
地漏安装位置不合理	（1）预留地漏排水口定位偏移。 （2）后期地漏安装在台盆下，不符合设计要求，不美观	（1）施工前做好地漏的预留交底，定位准确。 （2）前期发现地漏位置偏移的，应及时调整

3.3 大便器安装施工工艺

3.3.1 施工工艺流程

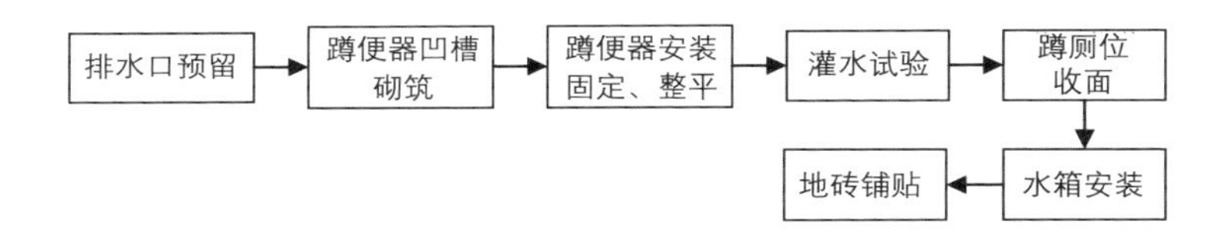

3.3.2 施工工艺标准图

序号	安装步骤	步骤说明	安装图片
1	排水口预留	根据要安装产品的排污口，在距离墙面最合适的位置预留排水管道，同时还需要确定排水管道入口与地面的距离	
2	蹲便器凹槽砌筑	根据图纸中标注的卫生间蹲位完成面，砌筑或凿除一个凹坑用于放置蹲便器。凹坑深度要大于蹲便器的高度	
3	蹲便器安装固定、整平	旋接蹲便器给水、排水口并进行防水处理后，固定好蹲便器，在蹲便器的边缘处涂上玻璃胶，借助填充物将蹲便器架设水平	
4	灌水试验	进行灌水试验，灌水高度不低于蹲便器上边缘或底层地面高度，目测观察蹲便器给水排水口是否有渗水点，不渗不漏方可进入下步工作	

续表

序号	安装步骤	步骤说明	安装图片
5	蹲厕位收面	灌水试验合格后，采用水泥砂浆进行收面，需要提醒的是水泥砂浆和陶瓷的接触面需涂一层沥青	
6	水箱安装	根据蹲便器水箱使用说明书，安装蹲便器水箱，确保水箱安装横平竖直	
7	地砖铺贴	最后配合精装单位进行地砖铺贴，收口收面	

3.3.3 控制措施

序号	预控项目	产生原因	预控措施
1	蹲便器安装不规范	（1）蹲便器未凸出地面完成面。 （2）蹲便器四周砖缝过大。 （3）蹲便器安装四角不平	（1）安装蹲便器前了解地面做法和标高，以完成面标高控制蹲便器高度。 （2）蹲便器四周应凸出地面完成面 3 ~ 5mm，不应低于瓷砖完成面。 （3）蹲便器安装应四角水平。 （4）地面完成面与蹲便器间缝隙不得超过 5mm

续表

序号	预控项目	产生原因	预控措施
2	马桶安装完成无成品保护措施，包装袋、随箱说明书等随意乱扔，存在工人使用其大小便的情况	（1）技术管理人员和工人均无意识对马桶进行成品保护。 （2）认为安装完成即可，未考虑现场其他人员素质问题	使用原包装直接包裹马桶，移交业主前，宜使用清水湿润的棉布擦洗马桶，不应使用铲刀、钢丝球等
3	坐便器固定螺栓漏软垫	技术交底不到位，管理人员未及时发现问题	坐便器固定螺栓上应套好胶皮垫，螺母扩至松紧适度

3.4 小便器安装施工工艺

3.4.1 施工工艺流程

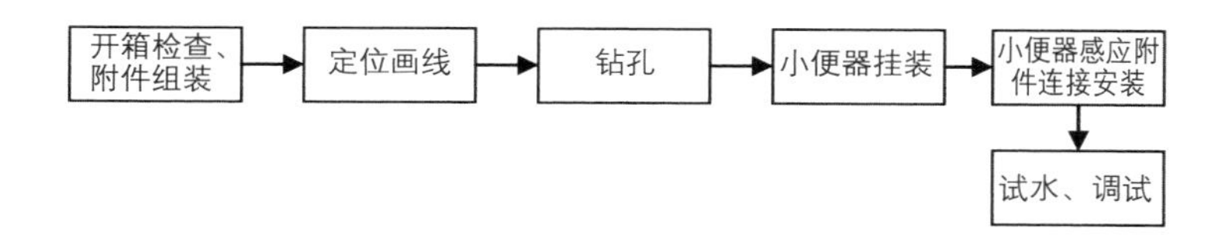

3.4.2 施工工艺标准图

序号	安装步骤	步骤说明	安装图片
1	开箱检查、附件组装	（1）小便器本体、附件开箱检查、进场验收，确保安装配件质量合格、齐全。 （2）将小便器电磁阀、排水存水、给水角阀提前组装好	

续表

序号	安装步骤	步骤说明	安装图片
2	定位画线	根据小便器固定点位，以及墙体排水口位置，在墙壁进行定位画线，要确保排水口对中	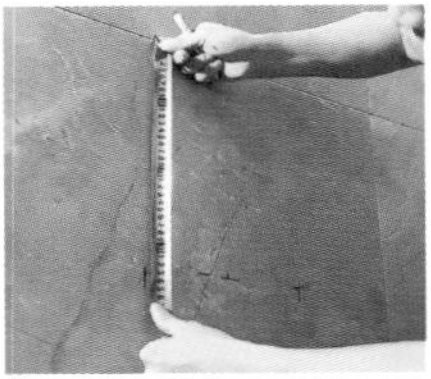
3	钻孔	（1）已贴好瓷砖的墙面，使用专用玻璃钻头的手枪钻进行打孔，避免破坏墙面瓷砖。 （2）提前安装壁装“P”形存水弯	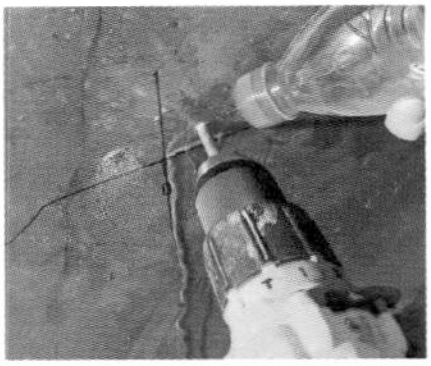 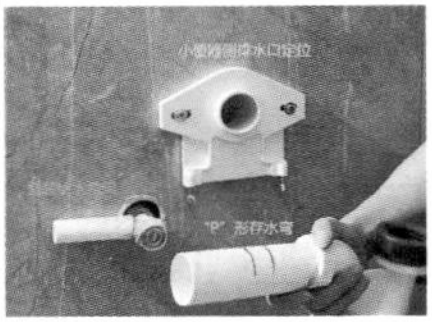
4	小便器挂装	小便器安装后，采用水准尺进行垂直度检查，确保安装垂直、不歪斜	
5	小便器感应附件连接安装	（1）连接固定小便器感应电磁阀，具体位置依据小便器产品说明书。 （2）将小便器金属软管与壁装给水角阀连接	

续表

序号	安装步骤	步骤说明	安装图片
6	试水、调试	进行试水，确保给水、排水通畅，配备电磁感应冲水的，使用清水测试电磁冲水动作，直到满足使用功能	

3.4.3 控制措施

序号	预控项目	产生原因	预控措施
1	给水点位预留与小便斗安装之间存在偏心，漏水	（1）给水点位预留位置偏差过大。 （2）冲洗管进入小便斗不正或未拧紧导致小便斗冲洗管漏水	（1）在给水管施工前与相关方确定小便斗的样品，根据样品预留给水点位。 （2）严格控制小便斗安装位置，与预留给水管道位置匹配。 （3）给水管应垂直进入小便斗，无弯曲等
2	装饰盖凸出装饰完成面，影响观感	（1）给水管预留丝扣超出装饰完成面。 （2）装饰盖无法紧贴墙	施工班组与精装修班组协调装饰完成面，控制好尺寸

3.5 洗手盆安装施工工艺

3.5.1 施工工艺流程

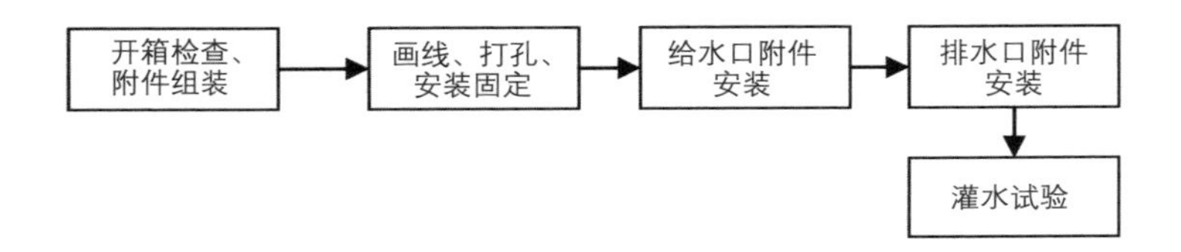

3.5.2 施工工艺标准图

序号	安装步骤	步骤说明	安装图片
1	开箱检查、附件组装	开箱检查挂盆整体是否完整、无磕碰损坏，确定相应给水排水、固定装置等附件是否无缺失、漏损	
2	画线、打孔、安装固定	（1）根据挂盆固定孔距，测放至墙面，进行钻孔、固定，其中安装高度、距墙距离均按设计图纸及规范间距进行布置。 （2）进行挂盆安装，测量并调整挂盆安装顺直度、垂直度无误后，固定挂盆	

续表

序号	安装步骤	步骤说明	安装图片
3	给水口附件安装	组装好给水口附件，安装冷热水角阀，固定安装后，组接金属软管。最后固定水嘴	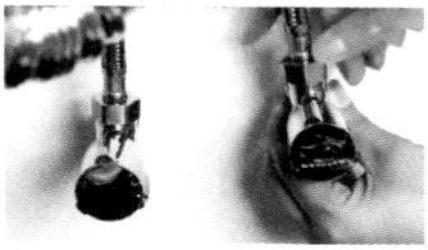 
4	排水口附件安装	组装好排水口附件，安装排水口旋漏装置，固定安装后，接出排水口至挂盘预留排水口	 
5	灌水试验	进行灌水试验，将水灌至挂盆溢水口上表面后，静置观察，不渗不漏为合格	

3.5.3 控制措施

序号	预控项目	产生原因	预控措施
1	洗脸盆排水未设置存水弯	（1）未按规范要求安装存水弯。 （2）洗脸盆排水管安装位置不合适，存水弯装不上	（1）根据卫生间排版图位置正确安装洗脸盆排水管。 （2）按规范要求在洗脸盆下方安装存水弯（如果洗脸盆自带存水弯，不应再设存水弯）；存水弯安装美观牢固，排水管口需要密封
2	台盆下无独立支架	（1）工人施工图省事，不考虑台盆固定是否稳固。 （2）台盆下直接用云石胶粘在台面上	（1）加装独立的台盆支架，保证固定稳固，支架做好防腐。 （2）台盆与型钢支架间设橡胶垫
3	地漏水封深度不够	（1）地漏进场时水封深度未测量或测量方法不正确。 （2）地漏水封深度不足 5cm	（1）宜采用防返溢地漏。 （2）正确测量水封深度，采购水封深度合格的地漏
4	冬期安装完洗手盆后，盆内存水导致开裂	工人成品保护意识不强，管理人员巡查不到位，未及时发现问题	洁具安装完成后，及时放空存水，并采取成品保护措施

3.6 技术交底

3.6.1 施工准备

1. 材料准备

（1）卫生器具的规格、型号必须符合设计要求，并有产品出厂合格证。卫生器具的外观应规矩、造型周正，表面光滑、美观，无裂纹，边缘平滑，色调一致。

（2）卫生器具的零件规格应标准，质量应可靠，外表光滑，电镀均匀，螺纹清晰，螺母松紧适度，无砂眼、裂纹等缺陷。

（3）卫生器具的水箱应采用节水型产品。

（4）其他材料：蹲便器进水弯管、截止阀、水嘴、存水弯、排水口、镀锌螺栓、螺母等均应符合材料要求。

2. 主要机具

（1）主要机具：套丝机、砂轮机、砂轮切割机、手电钻、冲击钻。

（2）工具：管钳等。

（3）其他：水平尺、划规、靠尺、红外线定位仪等。

3. 作业条件

（1）所有与卫生器具连接的管道严密性试验、闭水试验，排水管道灌水试验已完毕，并已办好手续。

（2）浴盆的安装应待土建做完防水层及保护层后配合土建进行施工。

（3）安装卫生器具的房间的土建作业应达到安装所提出的要求，对卫生器具容易造成损坏的工序必须在卫生器具安装前施工完毕。

（4）土建专业完成防水施工，并完成验收手续。

3.6.2 操作工艺

1. 工艺流程

安装准备→卫生器具及配件检验→卫生器具及配件预装→卫生器具稳装→卫生器具与墙面、地缝隙的处理→满水、通水试验。

2. 施工操作要点

1）卫生器具在安装前应进行检查、清洗

配件与卫生器具应配套。部分卫生器具应进行预制再安装。

2）卫生器具安装通用要求

（1）卫生器具的安装应采用便于维修，又不破坏防水层的方式固定。

（2）卫生器具安装高度如无设计要求应符合下表规定。

<table>
<tr><th rowspan="2">项次</th><th rowspan="2" colspan="3">卫生器具名称</th><th colspan="2">卫生器具安装高度（mm）</th><th rowspan="2">备注</th></tr>
<tr><th>居住和公共建筑</th><th>幼儿园</th></tr>
<tr><td rowspan="2">1</td><td rowspan="2">污水盆（池）</td><td colspan="2">架空式</td><td>800</td><td>800</td><td rowspan="2"></td></tr>
<tr><td colspan="2">落地式</td><td>500</td><td>500</td></tr>
<tr><td>2</td><td colspan="3">洗涤盆（池）</td><td>800</td><td>800</td><td></td></tr>
<tr><td>3</td><td colspan="3">洗脸盆和冲手盆（有塞、无塞）</td><td>800</td><td>500</td><td></td></tr>
<tr><td>4</td><td colspan="3">盥洗槽</td><td>800</td><td>500</td><td></td></tr>
<tr><td>5</td><td colspan="3">浴　盆</td><td>520</td><td></td><td></td></tr>
<tr><td rowspan="2">6</td><td rowspan="2">蹲式大便器</td><td colspan="2">高水箱</td><td>1800</td><td>1800</td><td rowspan="2">自地面至器具上边缘</td></tr>
<tr><td colspan="2">低水箱</td><td>900</td><td>900</td></tr>
<tr><td rowspan="3">7</td><td rowspan="3">坐式大便器</td><td colspan="2">高水箱</td><td>1800</td><td>1800</td><td>自台阶面至高水箱底</td></tr>
<tr><td rowspan="2">低水箱</td><td>外露排出管式</td><td>510</td><td></td><td rowspan="2">自台阶面至低水箱底</td></tr>
<tr><td>虹吸喷射式</td><td>470</td><td>370</td></tr>
<tr><td rowspan="2">8</td><td rowspan="2">小便器</td><td colspan="2">立　式</td><td>1000</td><td></td><td rowspan="2">自地面至下边缘</td></tr>
<tr><td colspan="2">挂　式</td><td>600</td><td>450</td></tr>
</table>

续表

项次	卫生器具名称	卫生器具安装高度（mm）		备注
		居住和公共建筑	幼儿园	
9	小便槽	200	150	自地面至台阶面
10	大便槽冲洗水箱	不低于2000		自台阶至水箱底
11	妇女卫生盆	360		自地面至器具上边缘
12	化验盆	800		自地面至器具上边缘

（3）卫生洁具安装的允许偏差和检验方法见下表。

项次	项　目		允许偏差（mm）	检 查 方 法
1	坐标	单独器具	10	拉线、掉线和尺量检查
		成排器具	5	
2	标高	单独器具	± 15	
		成排器具	± 10	
3	器具水平度		2	用水平尺和尺量检查
4	器具垂直度		3	用吊线和尺量检查

3）洗脸盆安装

（1）洗脸盆支架安装：应按照排水管口中心在墙面上画出竖线，由地面向上量出规定的高度，画出水平线，根据盆宽在水平线上画出支架位置的十字线。按印记剔成 ϕ 30mm × 120mm 孔洞。将脸盆支架找平栽牢。再将脸盆置于支架上找平、找正。将架钩在盆下固定孔内，拧紧盆架的固定螺栓，找平、找正。

（2）铸铁架洗脸盆安装：按上述方法找好十字线，按印记剔成

ϕ 15mm × 70mm 的孔洞，栽好镀锌薄钢板卷，采用螺钉将盆架固定在墙上。将活动架的固定螺栓松开，拉出活动架将架钩钩在盆下固定孔内，拧紧盆架的固定螺栓，找正、找平。

（3）台上盆安装：将脸盆放置在依据脸盆尺寸预制的脸盆台面上，保证脸盆边缘能与台面严密接触，且接触部位能有效保证承受脸盆水满的重量。脸盆安装好后再对脸盆边缘与上台面接触部位的接缝处使用防水性能较好的硅酸铜密封胶或玻璃胶进行抹缝处理，宽度均匀、光滑、严密连续，宜为白色或透明，保证缝隙处理美观。

（4）台下盆安装：依据脸盆尺寸、台面高度及脸盆自带固定支架形式，使用膨胀螺栓固定住脸盆支架。在脸盆支架的高度微调螺栓与脸盆间垫入橡胶垫，利用微调螺栓调整脸盆高度，使脸盆上口与台面下平面严密接触。洗脸盆安装好后在脸盆边缘与台面下平面接触部位的内接缝处使用防水性能好的硅酸铜密封胶进行抹缝处理，宽度均匀、光滑、严密连续，宜为白色或透明，保证缝隙处理美观。脸盆不得采用胶粘方法和台石相接。

4）蹲便器、高水箱安装

（1）首先，将胶皮碗套在蹲便器进水口上，要套正、套实，用成品喉箍紧固（或用 14 号的钢丝分别绑两道，严禁压接在一条线上，钢丝按紧要错位 90° 左右）。

（2）将预留排水口周围清扫干净，把临时管堵取下，同时检查管内有无杂物。找出洁具安装的控制线和排水管口的中心线，并画在墙上。用水平尺（或磁力线坠）找好竖线。

（3）将排水管承口内抹上油灰，蹲便器位置下铺垫白灰膏，然后将蹲便器排水口插入排水管承口内稳好。同时，用水平尺放在蹲便器上沿，纵横双向找平、找正。使蹲便器进水口对准墙上中心线。同时，蹲便器两侧用砖砌好抹光，将蹲便器排水口与排水管承口接触处的油灰压实、抹光。最后将蹲便器的排水口用临时堵头封好。

（4）稳装多联蹲便器时，应先检查排水管口的标高、甩口距墙的尺寸是否一致，找出标准地面标高，向上测量蹲便器需要的高度，用小线找平，找好墙面距离，然后按上述方法逐个进行稳装。

（5）远传脚踏式冲洗阀安装：将冲洗弯管固定在台钻卡盘上，在与蹲便器连接的直管上打 ϕ8mm 孔，孔应打在安装冲洗阀的一侧；将冲洗阀上的锁母和胶圈卸下，分别套在冲洗管直管段上，将弯管的下端插入胶皮碗内 20 ~ 50mm，用喉箍卡牢。再将上端插入冲洗阀内，推上胶圈、调直校正，将螺母按至松紧适度。将 ϕ6mm 铜管两端分别与冲洗阀、控制器连接；将另一头带胶套的 ϕ6mm 铜管其带螺纹锁母的一端与控制器连接，另一端插入冲洗管打好的孔内，然后推上胶圈，插入深度控制在 5mm 左右。螺纹连接处应缠生料带，紧锁母时应先垫上棉布再用扳手紧固，以免损伤管子表面。脚踏钮控制器距后墙 500mm，距蹲便器排水管中心 350mm。

（6）延时自闭冲洗阀安装：根据冲洗阀至胶皮碗的距离，断好 90° 弯的冲洗管，使两端合适。将冲洗阀锁母和胶圈卸下，分别套在冲洗管直管段上，将弯管的下端插入胶皮碗内 40 ~ 50mm，用喉箍卡牢。将上端插入冲洗阀内，推上胶圈、调直校正，将螺母按至松紧适度。扳把式冲洗阀的扳手应朝向右侧，按钮式冲洗阀的按钮应朝向正面。

5）挂式小便器安装

（1）首先，对准给水管中心画一条垂线，由地坪向上量出规定的高度并画一水平线。根据产品规格尺寸，由中心向两侧固定孔眼的距离，在横线上画好十字线，再画出上、下孔眼的位置。

（2）将孔眼位置剔成 10mm × 60mm 的孔眼，栽入 6mm 螺栓。托起小便器挂在螺栓上。把胶垫、眼圈套入螺栓，将螺母拧至松紧适度。将小便器与墙面的缝隙嵌入白水泥浆补齐、抹光。

6）立式小便器安装

（1）立式小便器安装前应检查给、排水预留管口是否在一条垂线上，间距是否一致。符合要求后按照管口找出中心线。

（2）将排水管周围清理干净，取下临时管堵，抹好油灰，在立式小便器下铺垫水泥、白灰膏的混合灰（比例为 1 ∶ 5）。将立式小便器稳装找平、找正。立式小便器与墙面、地面缝隙嵌入白水泥浆抹平、抹光。

7）隐蔽式自动感应储水冲洗阀安装

（1）根据设计图纸及施工图集在所要设置的墙体上标出安装位置及盒体尺寸。

（2）依据墙体材质及做法的不同进行电磁阀盒的安装固定。

对于砌筑墙体应采用别的方式；对于轻钢龙骨隔墙则使用螺栓或铆钉将盒体固定在预留的轻钢龙骨上。

（3）将电磁阀的进水管与预留的给水管进行连接安装。

（4）将电磁阀的出水口与出水管进行连接，并连接电源线（电源供电）及控制线（感应龙头）。

（5）将感应板安装到位，应采用吸盘进行操作，以免损坏面板。

（6）对于感应龙头将电磁阀控制线连接到龙头的感应器。

（7）明装自动感应出水阀安装：将电磁阀与外保护盒盒体进行固定安装；用短管将给水管预留口与电磁阀进水口连接固定。

安装后应保持盒体周正：用储水冲洗短管连接电磁阀出水口及

卫生器具冲洗口，并连接电源线或者安放电池。

8）浴盆安装

（1）浴盆稳装前应将浴盆内表面擦拭干净，同时检查瓷面是否完好。带腿的浴盆先将腿部的螺栓卸下，将拔销母插入浴盆底卧槽内，把腿扣在浴盆上带好螺母拧紧找平。浴盆如砌砖腿时，应配合土建施工把砖腿按标高砌好。将浴盆稳于砖台上，找平、找正。浴盆与砖腿缝隙外用 1 ∶ 3 的水泥砂浆填充抹平。

（2）有饰面的浴盆，应留有通向浴盆排水口的检修门。

浴盆排水安装：将浴盆排水三通套在排水横管上，缠好油盘根绳，插入三通中口，按紧锁母。三通下口装好铜管，插入排水预留管口内（铜管下端扳边）。将排水口圆盘下加胶垫、油灰，插入浴盆排水孔眼，外面再套胶垫、眼圈，丝扣处涂铅油、缠麻。用自制叉扳手卡住排水口十字筋，上入弯头内。

将溢水立管下端套上锁母，缠上油盘根绳，插入三通上口对准浴盆溢水孔，带上锁母。溢水管弯头处加 1mm 厚的胶垫、油灰，将浴盆堵螺栓穿过溢水孔花盘，上入弯头“一”字丝扣上，无松动即可。再将三通上口锁母按至松紧适度。

浴盆排水三通出口和排水管接口处缠绕油盘根绳捻实，再用油灰封闭。

混合水嘴安装：将冷、热水管口找平、找正。把混合水嘴转向对丝抹铅油、缠麻丝，带好护口盘，用自制扳手插入转向对丝内，分别拧入冷、热水预留管口，校好尺寸，找平、找正，使护口盘紧贴墙面。然后将混合水嘴对正转向对丝，加垫后按紧锁母，找平、找正，用扳手拧至松紧适度。

水嘴安装：先将冷、热水预留管口用短管找平、找正。如暗装管道进墙较深者，应先量出短管尺寸，套好短管，使冷、热水嘴安完后距墙一致。将水嘴拧紧找正，除净外露麻丝。有饰面的浴盆，应留有通向浴盆排水口的检修门。

9）淋浴器安装

（1）暗装管道先将冷、热水预留管口加试管找平、找正。量好短管尺寸，断管、套丝、涂铅油、缠麻，将弯头上好。明装管道按规定标高揻好“Ⅱ”弯（俗称元宝弯），上好管箍。

（2）淋浴器锁母外丝丝头处抹油、缠麻。用自制扳手卡住内筋，上入弯头或管箍内。再将淋浴器对准锁母外丝，将锁母拧紧。将固定圆盘上的孔眼找平、找正。画出标记，卸淋浴器，将印记剔成 10mm×40mm 孔眼，栽好镀锌薄钢板卷。再将锁母外丝口加垫抹油，将淋浴器对准锁母外丝口，用扳手拧至松紧适度。再将固定圆盘与墙面靠严，孔眼平正，用木螺钉固定在墙上。

（3）将淋浴器上部铜管预装在三通口上，使立管垂直，固定圆盘与墙面贴实，孔眼平正，画出孔眼标记，栽入镀锌薄钢板卷，锁母外加垫抹油，将锁母拧至松紧适度。将固定圆盘采用木螺钉固定在墙面上。

（4）浴盆软管淋浴器挂钩的安装高度，如无设计要求，应距地面 1.8m。

10）卫生器具交工前应作满水和通水试验

（1）检查卫生器具的外观，如果被污染或损伤，应清理干净或重新安装，达到要求为止。

（2）卫生器具的满水试验可结合排水管道满水试验一同进行，也可单独将卫生器具的排水口堵住，盛满水进行检查，各连接件不渗不漏为合格。

（3）给卫生器具放水，检查水位超过溢流孔时，水流能否顺利溢出；当打开排水口时，排水应该迅速排出。关闭水嘴后应能立即关住水流，龙头四周不得有水渗出，否则应拆下修理后再重新试验。

（4）检查冲洗器具时，先检查水箱浮球装置的灵敏度和可靠程度，应经多次试验无误后方可。检查冲洗阀冲洗水量是否合适，如果不合适，应调节螺钉位置，达到要求为止。连体坐便水箱内的浮球容易脱落，造成关闭不严而“长流水”，调试时应缠好填料将浮球拧紧。冲洗阀内的虹吸小孔容易堵塞，从而造成冲洗后无法关闭，遇此情况，应拆下来进行清洗，达到合格为止。

（5）通水试验给、排水畅通为合格。

11）卫生器具安装作业应轻抬慢放

器具装设前应对预埋木砖（或预埋螺栓）进行检查，对废弃的砂浆等固体废弃物应分类统一回收，集中处理。

3.6.3 质量标准

1. 主控项目

（1）排水栓和地漏的安装应平整、牢固，周边无渗漏。地漏应安装在便于排出地面积水的位置，其上表面应与装饰地面相平，带水封的地漏水封高度不得小于 50mm，无水封的地漏下方应设置水封高度不小于 50mm 的存水弯，并应优先采用具有防涸功能的地漏，严禁使用钟罩式（扣碗式）地漏。

（2）浴盆安装时，浴盆下面的地面标高不应低于卫生间完成地面的高度，并应坡向检修门或裙边。

（3）蹲便器安装应确保其连接管的连接方式、位置等符合产品样本的要求。

（4）装配式整体卫浴和整体公共卫生间安装，当采用直排式时，排出口的位置应与楼板预留孔洞的位置相对应，排出口与排水管道接口应在楼板下，并应加以固定，安装完毕楼板预留孔洞应在楼板下作封闭处理。

（5）卫生器具交工前应作满水和通水试验。

2. 一般项目

（1）卫生器具应采用预埋螺栓或膨胀螺栓安装固定。

（2）卫生器具安装高度如无设计要求应符合规定。

（3）卫生器具安装的允许偏差应符合规定。

（4）有饰面的浴盆，应留有通向浴盆排水口的检修门。

（5）卫生器具的支、托架必须防腐良好，安装平整、牢固，与器具接触紧密、平稳。

3.6.4 成品保护措施

（1）卫生器具在托运和安装时要防止磕碰。

（2）预留的卫生器具排出口接管口处应作可靠的临时封堵。

（3）稳装后洁具排水口应用防护品堵好。

（4）在釉面砖、水磨石墙面剔孔洞时，宜用手电钻或先用小錾子剔掉釉面，待剔至砖底灰层处可用力，但不得过猛，以免将面层剔碎或振动成空鼓现象。

（5）安装完毕的洁具应加以保护，防止洁具瓷面受损和整个洁具损坏。

（6）通水试验前应检查地漏是否畅通，分户阀门是否关闭，然后按楼层分房间逐一进行通水试验，以免漏水使装修工程受损。

（7）在冬期室内不通暖时，各种洁具必须将水放净。存水弯应无积水，以免将洁具和存水弯冻裂。

3.6.5 安全环保措施

（1）搬运器具时轻拿慢放，防止损坏器具和不慎伤人。

（2）器具装设前应对预栽螺栓进行检查，防止因螺栓松动器具坠落伤人。

4

④ 风管与部件安装施工工艺

4.1 施工工艺流程

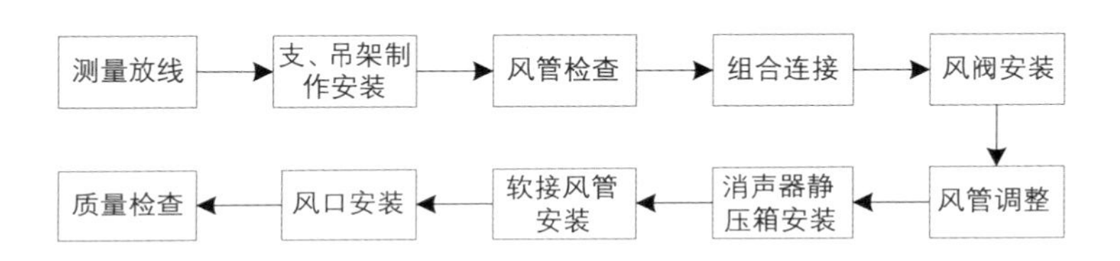

4.2 施工工艺标准图

序号	施工步骤	材料、机具准备	工艺要点	效果展示
1	测量放线	水平尺、钢卷尺、水准仪等	风管安装前，应先对其安装部位进行测量放线，确定管道中心线位置	
2	支、吊架制作安装	型钢、螺栓、螺母、垫圈、膨胀螺栓、油漆、电焊焊条、扳手、螺钉旋具、电钻、台钻、磨光机、切割机、电焊机等	（1）支、吊架制作前，应对型钢进行矫正。型钢宜采用机械切割，切割边缘应进行打磨处理；型钢应采用机械开孔，开孔尺寸应与螺栓相匹配。 （2）支、吊架焊接应采用角焊缝满焊。焊缝高度与较薄焊接件厚度相同，焊缝饱满、均匀，不应出现漏焊、夹渣、裂纹、咬肉等现象。 （3）支、吊架定位放线时，应按施工图中管道、设备等的安装位置，弹出支、吊架的中心线，确定支、吊架的安装位置。严禁将管道穿墙套管作为管道支架。支、吊架的最大允许间距应满足设计要求	

续表

序号	施工步骤	材料、机具准备	工艺要点	效果展示
3	风管检查	水平尺、钢卷尺等	风管安装前，应检查风管有无变形、划痕等外观质量缺陷，风管规格应与安装部位对应	
4	组合连接（金属风管）	金属风管、防火垫板、橡胶板、密封胶等	风管组合连接时，应先将风管管段临时固定在支、吊架上，然后调整高度，达到要求后再进行组合连接。金属矩形风管常用连接方式为角钢法兰连接及薄钢板法兰连接，风管连接应牢固、严密，并应符合下列规定： （1）角钢法兰连接时，接口应无错位，法兰垫料无断裂、无扭曲，并在中间位置。 （2）薄钢板法兰连接时，薄钢板法兰应与风管垂直、贴合紧密，四角采用弹簧夹或顶丝卡等连接件，其间距不应大于150mm，最外端连接件距风管边缘不应大于100mm	 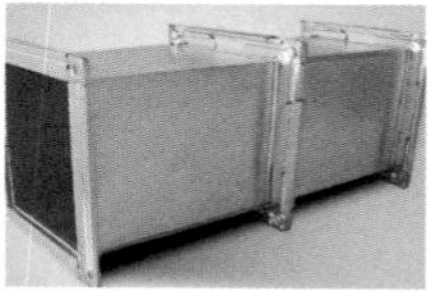
5	组合连接（非金属与复合风管）	非金属风管及复合风管、密封胶等	非金属风管连接应符合下列规定： （1）法兰连接时，应以单节形式提升管段至安装位置，在支、吊架上临时定位，侧面插入密封垫料，套上带镀锌垫圈的螺栓，检查密封垫料无偏斜后，对称旋紧螺母两次以上，并检查间隙均匀一致。在风管与支、吊架横担间应设置宽于支撑面、厚1.2mm的钢制垫板。插接连接时，应逐段顺序插接，在插口处涂专用胶，并用自攻螺栓固定。	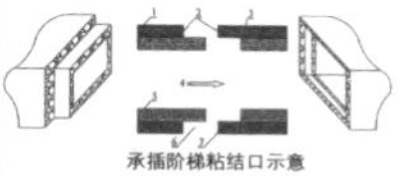 承插阶梯粘结口示意 1—铝箔或玻璃纤维布；2—结合面；3—玻璃纤维布90° 折边；4—介质流向；5—玻璃纤维布；6—内凸插口；7—内凹承口 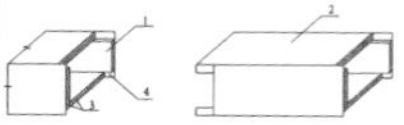 错位对接粘结示意 1—垂直板；2—水平板；3—涂胶粘剂；4—预留表面层

续表

序号	施工步骤	材料、机具准备	工艺要点	效果展示
5	组合连接（非金属与复合风管）	非金属风管及复合风管、密封胶等	（2）复合风管连接宜采用承插阶梯粘结、插件连接或法兰连接。承插阶梯粘结时应根据管内介质流向，上游的管段接口应设置为内凸插口，下游的管段接口为内凹承口，且承口表层玻璃纤维布翻边折成90°；错位对接粘结时，应先将风管错口连接处的保温层刮磨平整，然后试装，贴合严密后涂胶粘剂，提升到支吊架上对接；工形插接连接时，应先在风管四角横截面上粘贴镀锌板直角垫片，然后涂胶粘剂粘结法兰，胶粘剂凝固后，插入工形插件，最后在插条端头填抹密封胶，四角装入护角；空调风管采用PVC及铝合金插件连接时，应采用防冷桥措施	
6	风阀安装	风阀、钢卷尺等	（1）阀门安装方向应正确、便于操作，闭启灵活。斜插板风阀的阀板向上为拉启，水平安装时，阀板应顺气流方向插入。密闭阀安装时，阀门上标志的箭头方向应与受冲击波方向一致。 （2）边长（直径）大于或等于630mm的防火阀应设独立的支、吊架；水平安装的边长（直径）大于200mm的风阀等部件与非金属风管连接时，应单独设置支、吊架。 （3）电动、气动调节阀的安装应保证执行机构动作的空间	双螺母 独立吊架

序号	施工步骤	材料、机具准备	工艺要点	效果展示
7	风管调整	梯子、支吊架、切割机等	风管安装后应进行调整，风管平正，支、吊架顺直	
8	消声器静压箱安装	消声器、螺栓、铆钉、扳手等	消声器、静压箱安装时，应单独设置支、吊架，固定应牢固。消声器、静压箱等设备与金属风管连接时，法兰应匹配。回风箱作为静压箱时，回风口应设置过滤网	
9	软接风管安装	软管、螺栓、铆钉、扳手等	（1）柔性短管的安装宜采用法兰接口形式。 （2）风管与设备相连处应设置长度为 150 ~ 300mm 的柔性短管，柔性短管安装后应松紧适度，不应扭曲，不应作为找正、找平的异径连接管。 （3）风管穿越建筑物变形缝空间时，应设置长度为 200 ~ 300mm 的柔性短管；穿越建筑物变形缝墙体的风管两端外侧应设置长度为 150 ~ 300mm 的柔性短管，柔性短管距变形缝墙体的距离宜为 150 ~ 200mm。 （4）柔性风管连接应顺畅、严密	 

序号	施工步骤	材料、机具准备	工艺要点	效果展示
10	风口安装	风口、螺栓、铆钉、扳手等	（1）风管与风口连接宜采用法兰连接，也可采用槽形或工形插接连接。 （2）风口不应直接安装在主风管上，风口与主风管间应通过短管连接。 （3）风口安装位置应正确，调节装置定位后应无明显自由松动。室内安装的同类型风口应规整，与装饰面应贴合严密。 （4）吊顶风口可直接固定在装饰龙骨上，当有特殊要求或风口较重时，应设置独立的支、吊架	
11	质量检查	水准仪、钢卷尺等	风管施工完成后，对风管的安装质量（标高、平整度及支、吊架间距等）按规范要求进行检查	

4.3 控制措施

序号	预控项目	产生原因	预控措施
1	薄钢板风管法兰翻边不足，不平整；咬缝及四角处有孔洞	工人施工随意；未按照规范要求进行翻边	风管的翻边应平整、紧贴法兰、宽度均匀，应剪去咬口部位多余法兰，并有一定余量；涂胶应适量，均匀咬缝及四角处无孔洞、开裂

续表

序号	预控项目	产生原因	预控措施
2	薄钢板风管连接处出现漏风量异常	薄钢板法兰风管连接不严密	风管薄钢板法兰的折边（或组合式法兰条）应采用机械加工，保证平直，弯曲度不应大于5‰；角件与风管薄钢板法兰四角接口的固定应稳固、紧贴，端面应平整，相连处不应有大于2mm的连续穿透缝，并涂密封胶密封。四周内角与风管折叠处的缝隙必须涂密封胶密封
3	风管不平直	施工交底及现场管控不到位	水平风管安装后的不水平度的允许偏差不应大于3mm/m，总偏差不应大于20mm；垂直风管安装后的不垂直度允许偏差不应大于2mm/m，总偏差不应大于20mm
4	风管晃动	未按要求设置固定支架及防晃支架	加设固定支架，应满足长度超过20m的水平悬吊风管设置至少一个防晃支架或防摆动的固定点，每个系统不得少于一个
5	风阀无操纵空间	管线综合排布时未预留足够空间	专业工程师施工前复核BIM模型，确保风阀周围预留了足够的操作空间

4.4 技术交底

4.4.1 施工准备

1. 材料准备

金属风管、非金属风管及复合风管等材料应具有出厂合格证书或质量鉴定文件；型钢（包括扁钢、角钢、槽钢、圆钢）应按照国家现行有关标准进行验收；螺栓、螺母、垫圈、膨胀螺栓、铆钉、橡塑海绵板、防火垫板、橡胶板、密封胶、电焊焊条等应符合产品质量要求，不得存在影响安装质量的缺陷。

2. 主要机具

所用工机具必须经检验合格，与生产能力匹配且安全性能良好。

测量检验工具：角尺、钢直尺、钢卷尺、水平尺、水平仪、百分表、千分表、塞尺、线坠、水准仪、经纬仪等。

常用工具：扳手（活动扳手、双头扳手、套筒扳手、梅花扳手），螺钉旋具（一字螺钉旋具），电钻，冲击电钻，台钻，磨光机，交、直流电焊机（移动式），卷扬机、汽车式起重机、钢丝绳、卡环、钢丝绳夹、套丝板、手压泵、钢丝钳、撬棍等。应选择低噪、低耗、高效的设备，在施工过程中应定期对设备进行保养维护，确保设备完好。

3. 作业条件

（1）通风管道的安装，宜在建筑围护结构施工完毕，安装部位和操作场所清理后进行；净化系统安装，宜在建筑物内部安装部位的地面已做好，墙面抹灰完毕，室内无灰尘飞扬或有防尘措施的条件下进行。

（2）工艺设备安装完毕或设备基础已确定，设备的连接管等方位已明确。

（3）结构预埋铁件、预留孔洞的位置、尺寸符合设计要求。

（4）作业地点应有相应的辅助设施，梯子、架子、移动平台、电源、消防器材等，检验合格后投入使用。

4.4.2 操作工艺

1. 工艺流程

测量放线→支、吊架制作安装→风管检查→组合连接→风阀安装→风管调整→消声器静压箱安装→软接风管安装→风口安装→质量检查。

2. 操作要点

（1）风管安装前，应先对其安装部位进行测量放线，确定管道中心线位置。

（2）支、吊架制作前，应对型钢进行矫正。型钢宜采用机械切割，切割边缘应进行打磨处理；型钢应采用机械开孔，开孔尺寸应与螺栓相匹配；支、吊架焊接应采用角焊缝满焊。焊缝高度应与较薄焊接件厚度相同，焊缝饱满、均匀，不应出现漏焊、夹渣、裂纹、咬肉等现象。支、吊架定位放线时，应按施工图中管道、设备等的安装位置，弹出支、吊架的中心线，确定支、吊架的安装位置。严禁将管道穿墙套管作为管道支架。支、吊架的最大允许间距应满足设计要求。

（3）风管安装前，应检查风管有无变形、划痕等外观质量缺陷，风管规格应与安装部位对应。

（4）风管组合连接时，应先将风管管段临时固定在支、吊架上，然后调整高度，达到要求后再进行组合连接。金属矩形风管常用连接方式为角钢法兰连接及薄钢板法兰连接，风管连接应牢固、严密，并应符合下列规定：角钢法兰连接时，接口应无错位，法兰垫料无断裂、无扭曲，并在中间位置；薄钢板法兰连接时，薄钢板法兰应与风管垂直、贴合紧密，四角采用弹簧夹或顶丝卡等连接件，其间距不应大于 150mm，最外端连接件距风管边缘不应大于 100mm。

边长小于或等于 630mm 的支风管与主风管连接应符合下列规定：直角咬接支风管的分支气流内侧应有 30° 斜面或曲率半径为 150mm 的弧面，连接四角处应进行密封处理；联合式咬接连接四角处应作密封处理；法兰连接主风管内壁处应加扁钢垫，连接处应密封。

（5）非金属风管连接应符合下列规定：

法兰连接时，应以单节形式提升管段至安装位置，在支、吊架上临时定位，侧面插入密封垫料，套上带镀锌垫圈的螺栓，检查密封垫料无偏斜后，对称旋紧螺母两次以上，并检查间隙均匀一致，在风管与支、吊架横担间应设置宽于支撑面、厚 1.2mm 的钢制垫板。插接连接时，应逐段顺序插接，在插口处涂专用胶，并用自攻螺栓固定。

复合风管连接宜采用承插阶梯粘结、插件连接或法兰连接，风管连接应牢固、严密。承插阶梯粘结时应根据管内介质流向，上游的管段接口应设置为内凸插口，下游管段接口为内凹承口，且承口表层玻璃纤维布翻边折成 90° ；错位对接粘结时，应先将风管错口连接处的保温层刮磨平整，然后试装，贴合严密后涂胶粘剂，提升到支、吊架上对接；工形插接连接时，应先在风管四角横截面上粘贴镀锌板直角垫片，然后涂胶粘剂粘结法兰，胶粘剂凝固后，插入工形插件，最后在插条端头填抹密封胶，四角装入护角。空调风管采用 PVC 及铝合金插件连接时，应采用防冷桥措施。

（6）阀门安装方向应正确，便于操作，闭启灵活。斜插板风阀的阀板向上为拉启，水平安装时，阀板应顺气流方向插入。手动密闭阀安装时，阀门上标志的箭头方向应与受冲击波方向一致；边长（直径）大于或等于 630mm 的防火阀应设独立的支、吊架；水平安装的边长（直径）大于 200mm 的风阀等部件与非金属风管连接时，应单独设置支、吊架；电动、气动调节阀的安装应保证执行机构动作的空间。

（7）风管安装后应进行调整，风管平正，支、吊架顺直。

（8）消声器、静压箱安装时，应单独设置支、吊架，固定应牢固；消声器、静压箱等设备与金属风管连接时，法兰应匹配；回风箱作为静压箱时，回风口应设置过滤网。

（9）柔性短管的安装宜采用法兰接口形式；风管与设备相连处应设置长度为 150 ~ 300mm 的柔性短管，柔性短管安装后应松紧适度，不应扭曲，不应作为找正、找平的异径连接管；风管穿越建筑物变形缝空间时，应设置长度为 200 ~ 300mm 的柔性短管；穿越建筑物变形缝墙体的风管两端外侧应设置长度为 150 ~ 300mm 的柔性短管，柔性短管距变形缝墙体的距离宜为 150 ~ 200mm；柔性风管连接应顺畅、严密。

（10）风管与风口连接宜采用法兰连接，也可采用槽形或工形插接连接；风口不应直接安装在主风管上，风口与主风管间应通过短管连接；风口安装位置应正确，调节装置定位后应无明显自由松动。室内安装的同类型风口应规整，与装饰面应贴合严密；吊顶风口可直接固定在装饰龙骨上，当有特殊要求或风口较重时，应设置独立的支、吊架。

（11）风管施工完成后，应对风管的安装质量（标高、平整度及支吊架间距等）按规范要求进行检查。

4.4.3 质量标准

1. 主控项目

（1）当风管穿过需要封闭的防火、防爆的墙体或楼板时，必须设置厚度不小于 1.6mm 的钢制防护套管；风管与防护套管之间，应采用不燃柔性材料封堵严密。

（2）风管安装必须符合下列规定：风管内严禁其他管线穿越；输送含有易燃、易爆气体或安装在易燃、易爆环境的风管系统必须设置可靠的防静电接地装置；输送含有易燃、易爆气体的风管系统通过生活区或其他辅助生产房间时不得设置接口；室外风管系统的拉索等金属固定件严禁与避雷针或避雷网连接。

（3）外表温度高于 60℃，且位于人员易接触部位的风管，应采取防烫伤的措施。

（4）风管部件的安装应符合下列规定：风管部件及操作机构的安装，应便于操作；斜插板风阀安装时，阀板应顺气流方向插入；水平安装时，阀板应向上开启；止回阀、定风量阀的安装方向应正确；防火阀、排烟阀（口）的安装位置、方向应正确。位于防火分区隔墙两侧的防火阀，距墙表面不应大于 200mm。

（5）防火阀、排烟阀（口）的安装位置、方向应正确。位于防火分区隔墙两侧的防火阀，距墙表面不应大于 200mm。

（6）风口的安装位置应符合设计要求，风口或结构风口与风管的连接应严密、牢固，不应存在可察觉的漏风点或部位，风口与装饰面贴合应紧密。X 射线发射房间的送、排风口应采取防止射线外泄的措施。

（7）风管系统安装完毕后，应按系统类别要求进行施工质量外观检验。合格后，应进行风管系统的严密性检验，漏风量除应符合设计要求外，尚应符合下列规定：当风管系统严密性检验出现不合格时，除应修复不合格的系统外，受检方还应申请复验或复检；净化空调系统进行风管严密性检验时，N1 ~ N5 级的系统按高压系统风管的规定执行：N6 ~ N9 级，且工作压力小于等于 1500Pa 的，均按中压系统风管的规定执行。

（8）当设计无要求时，人防工程染毒区的风管应采用大于等于 3mm 钢板焊接连接：与密闭阀门相连接的风管，应采用带密封槽的钢板法兰和无接口的密封垫圈，连接应严密。

（9）住宅厨房、卫生间排风道的结构、尺寸应符合设计要求，内表面应平整；各层支管与风道的连接应严密，并应设置防倒灌的装置。

（10）病毒实验室通风与空调系统的风管安装连接应严密，允许渗漏量应符合设计要求。

2. 一般项目

（1）风管系统的安装应符合下列规定：风管应保持清洁，管内不应有杂物和积尘；风管安装的位置、标高、走向，应符合设计要求。现场风管接口的配置应合理，不得缩小其有效截面；法兰的连接螺栓应均匀拧紧，螺母宜在同一侧；风管接口的连接应严密、牢固。风管法兰的垫片材质应符合系统功能的要求，厚度不应小于 3mm。垫片不应凸入管内，且不宜凸出法兰外；垫片接口交叉长度不应小于 30mm；风管与砖、混凝土风道的连接接口，应顺着气流方向插入，并应采取密封措施。风管穿出屋面处应设置防雨装置，且不得渗漏；外保温风管必须穿越封闭的墙体时，应加设套管；风管的连接应平直。明装风管水平安装时，水平度的允许偏差应为 3‰，总偏差不应大于 20mm；明装风管垂直安装时，垂直度的允许偏差应为 2‰，总偏差不应大于 20mm。暗装风管安装的位置应正确，不应有侵占其他管线安装位置的现象。

（2）金属无法兰连接风管的安装应符合下列规定：风管连接处

应完整，表面应平整。承插式风管的四周缝隙应一致，不应有折叠状褶皱。内涂的密封胶应完整，外粘的密封胶带应粘贴牢固。矩形薄钢板法兰风管可采用[illegible]插条、弹簧夹或 U 形紧固螺栓连接。连

[illegible]mm，净化空调系统风管的间隔不应大于

[illegible]采用弹簧夹连接时，宜采用正反交叉固

[illegible]插条连接的矩形风管，连接后板面应

[illegible]应采取与支架相固定的措施。

[illegible]松紧适度、目测平顺，不应有强制性

[illegible]性风管的长度不宜大于 2m，柔性风

[illegible]mm，承托底座或抱箍的宽度不应

[illegible]允许下垂应为 100mm 且不应有死

[illegible]合下列规定：风管连接应严密，

法[illegible]垂直安装时，支架间距不应大于

3m[illegible]下列规定：采用承插连接的圆

形风[illegible]插口深度宜为 40 ~ 80mm。

粘结[illegible]套管厚度不应小于风管壁厚，

长度[illegible]接时，垫片宜采用 3 ~ 5mm

厚的软[illegible]直管连续长度大于 20m 时，

应按设[illegible]不得由干管承受；风管所用

的金属附[illegible]

（5[illegible]定：悬挂系统的安装方式、

位置、高[illegible]安装钢绳垂吊点的间距不

得大于 3m[illegible]架或可调节的花篮螺栓。

风管采用双[illegible]与风管的吊点相一致；

滑轨的安装应平整、牢固，目测不应有扭曲；风管安装后应设置定位固定；织物布风管与金属风管的连接处应采取防止锐口划伤的保护措施；织物布风管垂吊吊带的间距不应大于 1.5m，风管不应呈现波浪形。

（6）复合材料风管的安装应符合下列规定：复合材料风管的连接处，接缝应牢固，不应有孔洞和开裂。当采用插接连接时，接口应匹配，不应松动，端口缝隙不应大于 5mm；当采用金属法兰连接时，应采取防冷桥的措施。酚醛铝箔复合板风管与聚氨酯铝箔复合板风管的安装应符合下列规定：插接连接法兰的不平整度应小于等于 2mm，插接连接条的长度应与连接法兰齐平，允许偏差应为 -2 ~ +0mm；插接连接法兰四角的插条端头与护角应有密封胶封堵；中压风管的插接连接法兰之间应加密封垫或采取其他密封措施。玻璃纤维复合板风管的安装应符合下列规定：风管的铝箔复合面与丙烯酸等树脂涂层不得损坏，风管的内角接缝处应采用密封胶勾缝；榫接风管的连接应在样口处涂胶粘剂，连接后在外接缝处应采用扒钉加固，间距不宜大于 50mm，并宜采用宽度大于等于 50mm 的热敏胶带粘贴密封；采用槽形插接等连接构件时，风管端切口应采用铝箔胶带或刷密封胶封堵；采用槽形钢制法兰或插条式构件连接的风管，风管外壁钢抱箍与内壁金属内套，应采用镀锌螺栓固定，螺孔间距不应大 120mm，螺母应安装在风管外侧。螺栓穿过的管壁处应进行密封处理；风管垂直安装宜采用“井”字形支架，连接应牢固。玻璃纤维增强氯氧镁水泥复合材料风管，应采用粘结连接。直管长度大于 30m 时，应设置伸缩节。

（7）风阀的安装应符合下列规定：风阀应安装在便于操作及检修的部位。安装后，手动或电动操作装置应灵活可靠，阀板关闭应严密。直径或长边尺寸大于等于 630mm 的防火阀，应设独立支、吊架。排烟阀（排烟口）及手控装置（包括钢索预埋套管）的位置应符合设计要求。钢索预埋套管弯管不应大于 2 个，且不得有死弯及瘪陷；安装完毕后应操控自如，无阻涩等现象。除尘系统吸入管段的调节阀，宜安装在垂直管段上。防爆波悬板活门、防爆超压排气活门和自动排气活门安装时，位置的允许偏差应为 10mm，标高的允许偏差应为 ±5mm，框正、侧面与平衡锤连杆的垂直度允许偏差应为 5mm。

（8）排风口、吸风罩（柜）的安装应排列整齐、牢固可靠，安装位置和标高允许偏差应为 ±10mm，水平度的允许偏差应为 3‰，且不得大于 20mm。

（9）风帽安装应牢固，连接风管与屋面或墙面的交接处不应渗水。

（10）消声器及静压箱的安装应符合下列规定：消声器及静压箱安装时，应设置独立支、吊架，固定应牢固；当采用回风箱作为静压箱时，回风口处应设置过滤网。

（11）风管内过滤器的安装应符合下列规定：过滤器的种类、规格应符合设计要求；过滤器应便于拆卸和更换；过滤器与框架及框架与风管或机组壳体之间连接应严密。

（12）风口的安装应符合下列规定：风口表面应平整、不变形，调节应灵活、可靠。同一厅室、房间内的相同风口的安装高度应一致，排列应整齐；明装无吊顶的风口，安装位置和标高允许偏差应为 10mm；风口水平安装，水平度的允许偏差应为 3‰；风口垂直安装，垂直度的允许偏差应为 2‰。

4.4.4 成品保护措施

（1）安装完的风管要保证表面光滑、清洁，保温风管外表面整洁、无杂物。室外风管应有防雨、雪措施。特别要防止二次污染现象，必要时应采取保护措施。

（2）暂时停止施工的风管系统，应将风管敞口封闭，防止杂物进入。

（3）严禁把已安装完的风管作为支吊架或当作跳板，不允许将其他支、吊架焊在或挂在风管法兰和风管支、吊架上。

（4）运输和安装不锈钢、铝板风管时，应避免划伤风管表面，安装时尽量减少与其他金属接触。必要时用厚纸板、塑料布等保护风管。

（5）搬运风管应防止碰、撬、摔等机械损伤，安装时严禁攀登、倚靠非金属风管。安装中途停顿时，应将风管端口封闭。

4.4.5 安全、环保措施

（1）施工前认真检查施工机械，特别是电动工具应运转正常，保护接零安全可靠。

（2）高空作业必须系好安全带，上下传递物品不得抛投，小件工具要放在随身带的工具包内，不得任意放置，防止坠落伤人或丢失。

（3）吊装风管时，严禁人员站在被吊装风管下方，风管上严禁站人。

（4）风管正式起吊前应先进行试吊，试吊距离一般离地200 ~ 300mm，仔细检查捯链或滑轮受力点和捆绑风管的绳索、绳扣是否牢固，风管的重心是否正确、无倾斜，确认无误后方可继续起吊。

（5）作业地点要配备必要的安全防护装置和消防器材。

（6）作业地点必须配备灭火器或其他灭火器材。

（7）风管安装流动性较大，对电源线路不得随意乱接乱用，设专人对现场用电进行管理。

（8）当天施工结束后的剩余材料及工具应及时入库，不许随意放置，做到工完场清。

（9）风管吊装工作尽量安排在白天进行，减少夜间施工照明电能的消耗和对周围居民的影响。

5

5 空气处理设备安装施工工艺

5.1 施工工艺流程

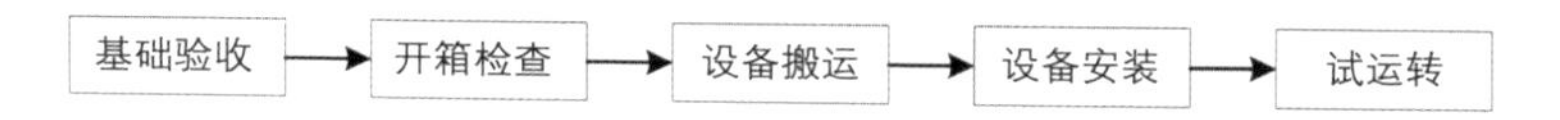

5.2 施工工艺标准图

1. 风机安装

序号	施工步骤	材料、机具准备	工艺要点	效果展示
1	基础验收	钢卷尺、水平仪等	风机安装前应根据设计图纸对设备基础进行全面检查，坐标、标高及尺寸、预留洞的位置和深度应符合设计要求；基础表面应无蜂窝、裂纹、麻面、露筋；基础应水平	
2	开箱检查	—	（1）按设备装箱清单，核对叶轮、机壳和其他部位的主要尺寸，进、出风口的位置、方向是否符合设计要求，做好检查记录。 （2）叶轮旋转方向应符合设备技术文件的规定，叶轮旋转应平稳，停转后不应每次停留在同一位置上。 （3）进、出风口应有盖板严密遮盖。检查各切削加工面，机壳的防锈情况和转子有无变形或锈蚀、碰损的现象	

续表

序号	施工步骤	材料、机具准备	工艺要点	效果展示
3	设备搬运	卷扬机、地坦克等	搬运设备应有专人指挥，使用的工具及绳索必须符合安全要求。设备的吊点应设置可靠、合理，绑扎牢固，避免吊装过程中风机滑落造成设备损伤。整体安装的风机，搬运和吊装的绳索不得捆绑在转子和机壳或轴承盖的吊环上	
4	风机安装	风机、空调机组、型钢、地脚螺栓、垫铁、阻燃密封胶条、密封胶、垫圈等	（1）风机吊至基础上后，用垫铁找平，垫铁一般应放在地脚螺栓两侧，斜垫铁必须成对使用。风机安装好后，同一组垫铁应点焊在一起，以免受力时松动。 （2）风机安装在无减振器的支架上，应垫上 4 ~ 5mm 的橡胶板，找平找正后固定牢固。橡胶板应能有效阻断振动传递，以免产生共振引发噪声污染。 （3）风机安装在有减振器的机座上时，地面要平整，各组减振器承受的荷载压缩量应均匀一致，偏差不应大于 2mm，不偏心，安装后采取保护措施，防止损坏。 （4）通风机的机轴应保持水平，水平度允许偏差为 0.2/1000。风机与电动机用联轴器连接时，两轴中心线应在同一直线上，两轴芯径向位移允许偏差为 0.05mm，两轴线倾斜允许偏差 0.2/1000，避免风机联轴器同心度允许偏差超标，加速轴、轴承的磨损，影响风机的使用寿命	

续表

序号	施工步骤	材料、机具准备	工艺要点	效果展示
5	试运转	万用表、风速仪、分贝仪等	用手转动叶轮，观察有无卡阻及碰擦现象；点动风机，检查叶轮与机壳有无摩擦、有无异常振动及声响；检查运转方向是否与机壳标注方向一致。风机启动、运转平稳后，测量风机启动电流、运转电流、振动、转速及噪声，并在试运行 30min 后检测轴承温度，其值不得超过设备技术文件要求。风机在额定转速下试运转 2h 以上，测量轴承温升是否正常	

2. 空调机组安装

序号	施工步骤	材料、机具准备	工艺要点	效果展示
1	基础验收	风机、空调机组、型钢、地脚螺栓、垫铁、阻燃密封胶条、密封胶、垫圈等	基础表面应无蜂窝、裂纹、麻面、漏筋；基础位置及尺寸应符合设计要求；当设计无要求时，基础高度不应小于 150mm，并应满足产品技术文件的要求，且能满足凝结水排放坡度的要求	
2	开箱检查		（1）开箱前检查外包装有无损坏和受潮。开箱后认真核对设备及各段的名称、规格、型号、技术条件是否符合设计要求。产品说明书、合格证、随机清单和设备技	

续表

序号	施工步骤	材料、机具准备	工艺要点	效果展示
2	开箱检查	风机、空调机组、型钢、地脚螺栓、垫铁、阻燃密封胶条、密封胶、垫圈等	术文件应齐全。逐一检查主机附件、专用工具、备用配件等是否齐全，设备表面应无缺陷、缺损、损坏、锈蚀、受潮的现象。设备开箱检查时，应注意轻拿轻放，减少噪声及设备损坏和变形，对于有损伤或破损的零部件应进行修复或退回厂家进行处理，避免更大的财产损失。 （2）取下风机段活动板或通过检查门进入，用于盘动风机叶轮，检查有无与机壳相碰、风机减振部分是否符合要求。 （3）检查表冷器的凝结水部分是否畅通、有无渗漏，加热器及旁通阀是否严密、可靠，过滤器零部件是否齐全，滤料及过滤形式是否符合设计要求	
3	设备搬运	空调机组、型钢、地脚螺栓、垫铁、阻燃密封胶条、密封胶、垫圈等	空调设备在水平运输和垂直运输之前尽可能不要开箱并保留好底座，检查有无绑扎不牢的部件，避免运输过程中坠落伤人，并对现场的设备运输路线进行勘察。现场水平运输时，可采用车辆运输或钢管、跳板组合运输。室外垂直运输一般采用门式提升架或起重机，在机房内采用滑轮、捯链进行吊装和运输。整体设备允许的倾斜角度参照说明书	

续表

序号	施工步骤	材料、机具准备	工艺要点	效果展示
4	空调机组安装	空调机组、型钢、地脚螺栓、垫铁、阻燃密封胶条、密封胶、垫圈等	（1）整体式空调机组安装时，坐标、位置应正确。基础达到安装强度。基础表面应平整，一般高度不小于150mm；空调机组加减振装置时，应严格按设计要求的减振器型号、数量和位置以及产品技术文件的要求进行安装并找平找正。 （2）分体式室外机组和风冷整体式机组安装时，位置应正确，目测呈水平。凝结水的排放应畅通，并连接到指定地点，避免凝结水横溢造成环境污染。室外排风口不得直接朝向人行通道；周边间隙应满足冷却风的循环。制冷剂管道连接应严密、无渗漏。穿过的墙孔必须密封，雨水不得渗入。 （3）水冷柜式空调机组安装时，其四周要留有足够空间，方能满足冷却水管道连接和维修保养的要求。机组安装应平稳。冷却水管连接应严密，不得有渗漏现象，应按设计要求设有排水坡度	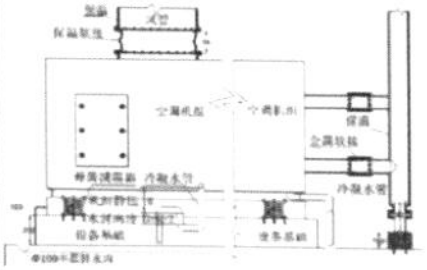 
5	试运转		清理机房，检查过滤网的污染和堵塞，空调机组电动机与风机的皮带轮端面在同一平面上，皮带的松紧度适中。空调机组点动，检查运转方向是否与机壳标注方向一致。空调机组正式启动时，	

续表

序号	施工步骤	材料、机具准备	工艺要点	效果展示
5	试运转		机内不得有异物、杂声。运转正常后，应检测启动电流、运行电流、振动、转速及噪声，并在试运行 30min 后检测轴承温度，其值不能超过设备技术文件要求	

5.3 控制措施

序号	预控项目	产生原因	预控措施
1	风机基础与风机尺寸不匹配	未提前与设备厂家沟通确定设备实际尺寸	设备基础宜结合选定厂家的设备参数进行深化，并将深化后的设备基础图提资给土建
2	减振器偏心受力	安装时不注意减振器受力情况；设备安装时未居中布置	设备居中布置，各组减振器应受力均匀
3	减振器（垫）被装饰层覆盖	安装减振器（垫）时未考虑装饰层厚度	安装减振器（垫）时应预留装饰层厚度，避免装修做法覆盖减振器（垫）
4	机房内积水	设备周围未设排水沟	复核建筑专业图纸，基础四周设置半圆弧形排水沟通向排水沟，排水沟至设备基础边间距一致，排水沟应有 5% 的坡度，坡向主沟，沟内不得有积水

5.4 技术交底

5.4.1 施工准备

1. 材料准备

设备安装所使用的主料和辅料的规格、型号应符合设计规定，并具有出厂合格证明书或质量鉴定文件。地脚螺栓通常随设备配套带来，其规格和质量应符合施工图纸或说明书要求；垫铁的规格、型号及安装数量应符合设计要求及设备安装有关规范的规定；橡胶减振垫材质、规格，单位面积承载率，安装的数量和位置，应符合设计要求及设备安装有关规范的规定；阻燃密封胶条的性能参数、规格、厚度应满足设计和设备安装说明要求；密封胶的粘结强度、固化时间、性能参数（耐酸、耐碱、耐热）应能满足设备安装说明书要求；其他辅助材料，如耐热垫片、密封液、硅橡胶、滤料、型钢、垫圈等应符合相应的产品质量标准。

2. 主要机具

所用工机具必须经检验合格，与生产能力匹配且安全性能良好。

测量检验工具：角尺、钢直尺、钢卷尺、水平尺、水平仪、百分表、千分表、塞尺、线坠、水准仪、经纬仪等。

常用工具：扳手（活动扳手、双头扳手、套筒扳手、梅花扳手），螺钉旋具（一字钉旋具），电钻，冲击电钻，台钻，磨光机，交、直流电焊机（移动式），卷扬机，汽车式起重机，钢丝绳，卡环，钢丝绳夹，套丝板，手压泵，钢丝钳，撬棍等。应选择低噪、低耗、高效的设备，在施工过程中应定期对设备进行保养维护，确保设备完好。

3. 作业条件

（1）土建基础施工、验收完毕，设备基础及预埋件的强度达到安装条件。

（2）保持设备运输路线通畅，清理安装作业点周围的障碍物，确保安装所必需的作业空间。

（3）准备设备安装施工中所需的水、电、气等资源。

（4）设备堆放地点应防雨淋、防潮、防腐蚀、防阳光暴晒，并应采取可靠的预防设备损坏的措施。

5.4.2 操作工艺

1. 风机安装工艺流程

基础验收→开箱检查→设备搬运→风机安装→试运转。

2. 风机安装操作要点

（1）风机安装前应根据设计图纸对设备基础进行全面检查，坐标、标高及尺寸、预留洞的位置和深度应符合设计要求；基础表面应无蜂窝、裂纹、麻面、露筋；基础应水平。

（2）按设备装箱清单，核对叶轮、机壳和其他部位的主要尺寸，进、出风口的位置方向，是否符合设计要求，做好检查记录；叶轮旋转方向应符合设备技术文件的规定，叶轮旋转应平稳，停转后不应每次停留在同一位置上；进、出风口应有盖板严密遮盖。检查各切削加工面，机壳的防锈情况和转子有无变形或锈蚀、碰损的现象。

（3）搬运设备应有专人指挥，使用的工具及绳索必须符合安全要求。设备的吊点应设置可靠、合理，绑扎牢固，避免吊装过程中风机滑落造成设备损伤。整体安装的风机，搬运和吊装的绳索不得捆绑在转子和机壳或轴承盖的吊环上。

（4）风机吊至基础上后，用垫铁找平，垫铁一般应放在地脚螺栓两侧，斜垫铁必须成对使用。风机安装好后，同一组垫铁应点焊在一起，以免受力时松动；风机安装在无减振器的支架上时，应垫上 4 ~ 5mm 的橡胶板，找平找正后固定牢固。橡胶板应能有效阻断振动传递，以免产生共振引发噪声污染；风机安装在有减振器的机座上时，地面要平整，各组减振器承受的荷载压缩量应均匀一致，偏差不应大于 2mm，不偏心，安装后采取保护措施，防止损坏；通风机的机轴应保持水平，水平度允许偏差为 0.2/1000，风机与电动机用联轴器连接时，两轴中心线应在同一直线上，两轴芯径向位移允许偏差为 0.05mm，两轴线倾斜允许偏差 0.2/1000，避免风机联轴器同心度允许偏差超标，加速轴、轴承的磨损，影响风机的使用寿命。

（5）用手转动叶轮，观察有无卡阻及碰擦现象；风机点动，检查叶轮与机壳有无摩擦、有无异常振动及声响；检查运转方向是否与机壳标注方向一致。风机启动、运转平稳后，测量风机启动电流、运转电流、振动、转速及噪声，并在试运行 30min 后检测轴承温度，其值不得超过设备技术文件要求。风机在额定转速下试运转 2h 以上，测量轴承温升是否正常。

3. 空调机组安装工艺流程

基础验收→开箱检查→设备搬运→机组安装→试运转。

4. 空调机组安装操作要点

（1）基础表面应无蜂窝、裂纹、麻面、漏筋；基础位置及尺寸应符合设计要求；当设计无要求时，基础高度不应小于 150mm，并应满足产品技术文件的要求，且能满足凝结水排放坡度的要求。

（2）开箱前检查外包装有无损坏和受潮。开箱后认真核对设备及各段的名称、规格、型号、技术条件是否符合设计要求。产品说明书、合格证、随机清单和设备技术文件应齐全。逐一检查主机附件、专用工具、备用配件等是否齐全，设备表面应无缺陷、缺损、损坏、锈蚀、受潮的现象。设备开箱检查时，应注意轻拿轻放，减少噪声及设备损坏和变形，对于有损伤或破损的零部件应进行修复或退回厂家进行处理，避免更大的财产损失；取下风机段活动板或通过检查门进入，用于盘动风机叶轮，检查有无与机壳相碰、风机减振部分是否符合要求；检查表冷器的凝结水部分是否畅通、有无渗漏，加热器及旁通阀是否严密、可靠，过滤器零部件是否齐全、滤料及过滤形式是否符合设计要求。

（3）空调设备在水平运输和垂直运输之前尽可能不要开箱并保留好底座，检查有无绑扎不牢的部件，避免运输过程中坠落伤人，并对现场的设备运输路线进行勘察。现场水平运输时，可采用车辆运输或钢管、跳板组合运输。室外垂直运输一般采用门式提升架或起重机，在机房内采用滑轮、捯链进行吊装和运输。整体设备允许的倾斜角度参照说明书。

（4）整体式空调机组安装时，坐标、位置应正确。基础达到安装强度。基础表面应平整，一般高度不小于 150mm；空调机组加减振装置时，应严格按设计要求的减振器型号、数量和位置以及产品技术文件的要求进行安装并找平找正。分体式室外机组和风冷整体式机组安装时，位置应正确，目测呈水平，凝结水的排放应畅通，并连接到指定地点，避免凝结水横溢造成环境污染。室外排风口不得直接朝向人行通道；周边间隙应满足冷却风的循环。制冷剂管道连接应严密、无渗漏。穿过的墙孔必须密封，雨水不得渗入。水冷柜式空调机组安装时，其四周要留有足够空间，方能满足冷却水管道连接和维修保养的要求。机组安装应平稳。冷却水管连接应严密，不得有渗漏现象，应按设计要求设有排水坡度。

（5）清理机房，检查过滤网的污染和堵塞，空调机组电动机与风机的皮带轮端面应在同一平面上，皮带的松紧度适中。空调机组点动，检查运转方向是否与机壳标注方向一致。空调机组正式启动时，机内不得有异物、杂声，运转正常后，应检测启动电流、运行电流、振动、转速及噪声，并在试运行 30min 后检测轴承温度，其值不能超过设备技术文件要求。

5.4.3 质量标准

1. 主控项目

（1）风机及风机箱的安装应符合下列规定：产品的性能、技术参数应符合设计要求，出口方向应正确；叶轮旋转应平稳，每次停转后不应停留在同一位置上；固定设备的地脚螺栓应紧固，并应采取防松动措施；落地安装时，应按设计要求设置减振装置，并应采取防止设备水平位移的措施；悬挂安装时，吊架及减振装置应符合设计及产品技术文件的要求。

（2）通风机传动装置的外露部位以及直通大气的进、出风口，必须装设防护罩、防护网或采取其他安全防护措施。

（3）单元式与组合式空气处理设备的安装应符合下列规定：产品的性能、技术参数和接口方向应符合设计要求；现场组装的组合式空调机组应按现行国家标准《组合式空调机组》GB/T 14294 的有关规定进行漏风量的检测。通用机组在 700Pa 静压下，漏风率不应大于 2%；净化空调系统机组在 1000Pa 静压下，漏风率不应大于 1%；应按设计要求设置减振支座或支、吊架，承重量应符合设计及产品技术文件的要求。

（4）风机过滤器单元的安装应符合下列规定：安装前，应在清洁环境下进行外观检查，且不应有变形、锈蚀、漆膜脱落等现象；安装位置、方向应正确，且应方便机组检修；安装框架应平整、光滑；风机过滤器单元与安装框架接合处应采取密封措施；应在风机过滤器单元进风口设置功能等同于高中效过滤器的预过滤装置后，进行试运行，且应无异常。

2. 一般项目

（1）风机及风机箱的安装应符合下表规定：通风机安装允许偏差应符合规范要求，叶轮转子与机壳的组装位置应正确。叶轮进风口插入风机机壳进风口或密封圈的深度，应符合设备技术文件要求或应为叶轮直径的 1/100。

项次	项目		允许偏差	检验方法
1	中心线的平面位移		10mm	经纬仪或拉线和尺量检查
2	标高		± 10mm	水准仪或水平仪、直尺、拉线和尺量检查
3	皮带轮轮宽中心平面偏移		1mm	在主、从动皮带轮端面拉线和尺量检查
4	传动轴水平度		纵向 0.2‰ 横向 0.3‰	在轴或皮带轮 0° 和 180° 两个位置上，用水平仪检查
5	联轴器	两轴芯径向位移	0.05mm	采用百分表圆周法或塞尺四点法检查验证
		两轴线倾斜	0.2‰	

（2）轴流风机的叶轮与筒体之间的间隙应均匀，安装水平偏差和垂直度偏差均不应大于 1‰，减振器的安装位置应正确，各组或各个减振器承受荷载的压缩量应均匀一致，偏差应小于 2mm；风机的减振钢支、吊架，结构形式和外形尺寸应符合设计或设备技术文件的要求。焊接应牢固，焊缝外部质量应符合相关规定。风机的进、出口不得承受外加的重量，相连接的风管、阀件应设置独立的支、

吊架。

（3）单元式空调机组的安装应符合下列规定：分体式空调机组的室外机和风冷整体式空调机组的安装固定应牢固、可靠，并应满足冷却风自然进入的空间环境要求；分体式空调机组室内机的安装位置应正确，并应保持水平，冷凝水排放应顺畅。管道穿墙处密封应良好，不应有雨水渗入。

（4）组合式空调机组、新风机组的安装应符合下列规定：组合式空调机组各功能段的组装应符合设计的顺序和要求，各功能段之间的连接应严密，整体外观应平整；供、回水管与机组的连接应正确，机组下部冷凝水管的水封高度应符合设计或设备技术文件的要求；机组与风管采用柔性短管连接时，柔性短管的绝热性能应符合风管系统的要求；机组应清扫干净，箱体内不应有杂物、垃圾和积尘；机组内空气过滤器（网）和空气热交换器翅片应清洁、完好，安装位置应便于维护和清理。

5.4.4 成品保护措施

（1）设备开箱后安装现场应封闭，禁止闲人进入现场。安装现场应宽敞、明亮，可防风、雨、雪并干燥。堆放设备、配件的场地应隔潮，设备、配件应分类保存，要避免相互碰撞造成表面划伤和损坏，要保持设备配件的洁净。

（2）设备、配件安装时，要轻拿轻放，重物吊装要合理选择吊点。绳索在设备、配件上的绑扎处应加软垫，并按顺序安装，避免返工。

（3）安装现场应清理干净，照明、给水排水均应通畅，设备外表面易损部位应加临时防护罩，设备上面不得存放任何物品及承重，做好封闭。

（4）设备的接口、仪表、操作盘等应采取封闭、包扎等保护措施。

（5）设备安装就位后，应采取防止设备损坏、污染、丢失等措施。

（6）过滤器的过滤网、过滤纸等过滤材料应单独存放，系统除尘清理后，调试时安装。

5.4.5 安全、环保措施

（1）搬动和安装大型通风空调设备，应由起重工配合进行，并设专人指挥，统一行动，所用工具、绳索必须符合安全要求。

（2）整装设备在起吊和下落时，要缓慢行动，并注意周围环境，不要破坏其他建筑物、设备和砸、压伤手脚。

（3）风机的传动装置外露部分应安装防护罩，风机的吸入口或吸入管直通大气时，应加装保护网或其他安全装置。

（4）对产生噪声的施工机械，应采取有效的控制措施，减轻噪声扰民。

（5）焊接时在周围设置围挡，避免对周围居民产生强光污染。

（6）对设备开箱及安装过程中产生的包装废弃物应分类收集，统一集中处理。

（7）采取洒水等有效措施控制施工过程中产生的扬尘。

6

6

空调水管道与附件安装施工工艺

6.1 施工工艺流程

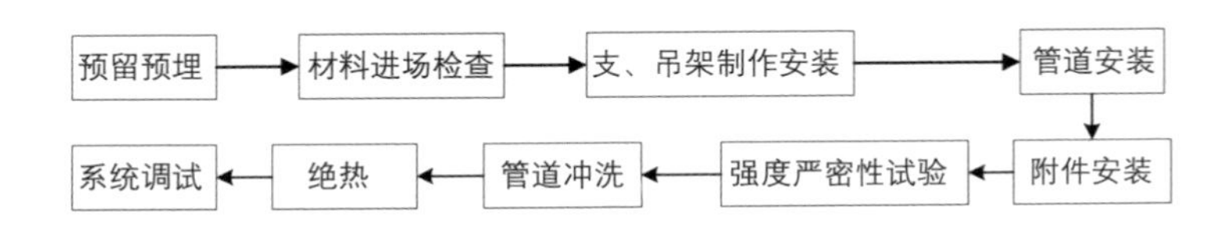

6.2 施工工艺标准图

序号	施工步骤	材料、机具准备	工艺要点	效果展示
1	预留预埋	激光投线仪、钢卷尺、墨斗等	（1）工程结构施工过程中，根据设计图纸要求，做好预留预埋；在管道工程施工前，进行复测。 （2）管道穿墙和楼板应设套管，根据设计要求选用套管	
2	支、吊架制作安装	切割机、台钻、冲击电锤、锤子、扳手、移动脚手架、交流电焊机等	（1）管道支、吊架的形式，位置，间距，标高应符合设计及规范要求。综合排布，节省空间和材料。 （2）对综合支、吊架必须独立强度核算	
3	管道安装（螺纹连接）	量尺、标记笔、套丝机、布、麻丝、刷子、防锈漆	（1）公称直径不大于 80mm 的镀锌管道及公称直径不大于 50mm 的焊接管道宜采用螺纹连接。缠绕（或涂抹）填料后，先用手将管子（或管件、阀门等）拧入连接件中 2 ~ 3 圈，再用管钳等工具拧紧。	

续表

序号	施工步骤	材料、机具准备	工艺要点	效果展示
3	管道安装（螺纹连接）	量尺、标记笔、套丝机、布、麻丝、刷子、防锈漆	（2）管道套丝时破坏的镀锌层表面及外露螺纹部分应作防腐处理；螺纹连接管道安装后的螺纹根部应有2～3扣的外露螺纹；多余麻丝清理干净后，作防腐处理。 （3）三通、弯头、直通等管件拧劲可稍大，阀门等控制件拧劲不可过大。 （4）连接好的部位不宜退回	
4	管道安装（法兰连接）	敲击扳手、力矩扳手、小锤等	（1）选好法兰装在相连接的两个管端，要注意两边法兰螺栓孔是否一致，先点焊一点，校正垂直度，最后将法兰与管焊接牢固。平焊法兰的内外两面都必须与管焊接。如管端不可与法兰密封面平齐，要根据管壁厚留出余量。 （2）空调无缝钢管法兰采用耐热橡胶垫圈。法兰垫片的内径不得大于法兰内径而凸入管内，垫片上忌涂抹白厚铅油，不允许使用双层垫片。 （3）法兰穿入螺栓的方向必须一致，拧紧法兰需使用合适的扳手，分2～3次，对称、均匀地进行拧紧。螺栓长度以拧紧后伸出螺母长度不大于螺栓直径的一半，且不少于两个螺纹为宜。为便于拆卸法兰，法兰和管道或器件支架的边缘与建筑物之间的距离一般不应小于200mm	1—法兰；2—垫片；3—螺栓/螺母；4—垫圈；5—管道/容器 4螺栓法兰 8螺栓法兰 16螺栓法兰 螺栓紧固顺序

续表

序号	施工步骤	材料、机具准备	工艺要点	效果展示
5	管道安装（焊接）	管道坡口机、管道切割机、磨光机、切割片、磨光片、焊工帽、氩弧焊枪、交流电焊机、氧气、氩气等	（1）管道焊接选择适合管道材质的焊条及电流，焊接缝处焊渣必须清理干净，清理完成、温度降至室温后刷两道防锈漆。焊缝的焊接层数与选用焊条的直径、电流大小、管壁厚、焊口位置、坡口形式根据规范及设计要求确定。 （2）管道对口及管道与管件之间的对口必须外壁平齐。 （3）点焊与第一层焊接厚度一致，但不超过管壁厚的70%，其焊缝根部必须焊透，点焊位置均匀、对称。 （4）采用分层焊接时，在焊后一层之前，将前一层的焊渣及金属飞溅物清理干净，并等管道自然冷却。各层引弧点和熄弧点均错开20mm或错开30°角。 （5）焊缝均满焊，焊接后立刻将焊缝上的焊渣、氧化物清除	 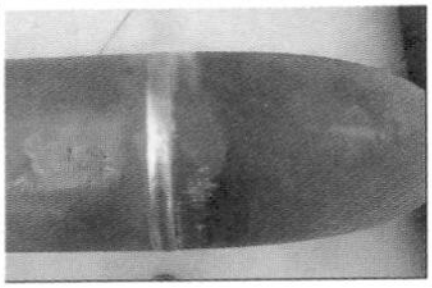
6	阀门安装	捯链、吊带、水平尺、钢卷尺	（1）电动类阀门安装前应进行模拟动作试验。机械传动应灵活，无松动和卡滞现象。驱动器通电后，检查阀门开启、关闭行程是否能到位。 （2）风机盘管动态平衡电动两通阀安装时应先安装阀体，执行器待接线时再进行安装，以免执行器损坏、丢失。	

续表

序号	施工步骤	材料、机具准备	工艺要点	效果展示
6	阀门安装	捯链、吊带、水平尺、钢卷尺	（3）平衡阀安装时，为了对平衡阀流量进行准确测量与控制，在平衡阀前必须留有5倍管道直径的直管长度，在平衡阀后必须留有2倍管道直径的直管长度。当平衡阀安装在水泵或控制阀后时，在平衡阀前需预留10倍管道直径的直管段。平衡阀安装时流量测量孔应朝向便于操作的一侧，并预留出测量空间。 （4）压差平衡阀应安装在回水管路上，测压孔的开孔与焊接工作必须在管道的防腐、试压前完成。 （5）补偿器安装必须按照图纸（该图纸包括用于伸缩接头的固定装置和导向支架以及用于阻止型钢摆动防止弯曲的支架）的要求在伸缩的起始点安装一个固定装置和导向支架	
7	水平管道安装		（1）采用BIM技术进行管线综合设计，管线排布有序，间距均匀，支、吊架型钢朝向一致，位置满足规范要求。综合支架进行受力计算，确保安全。 （2）支、吊架制作精美，固定牢固（固定支架部位应设置预埋件，其固定形式满足设计要求）。可优先采用成品支架。	

续表

序号	施工步骤	材料、机具准备	工艺要点	效果展示
7	水平管道安装		（3）管道与支架结合位置采用成品木托（木托的厚度与保温层相同，宽度一般为50mm）。 （4）空调水管坡向正确，满足最小坡度要求（不应小于2‰，凝结水管坡度不应小于8‰）。 （5）管道三通宜做成顺水斜三通：管道变径头采用偏心大小头，管顶平齐。 （6）管道过伸缩沉降缝处应采取柔性连接，管道软接两端的固定支架和导向支架按设计要求设置	
8	竖向管道安装	捯链、吊带、水平尺、钢卷尺等	（1）承重支架的设置应通过深化设计和受力计算确定，小于DN200mm的立管宜每隔5层设置，大于等于DN200mm的立管宜每隔3层设置，从水平转竖向的上一层开始设置。 （2）承重支架应固定在结构面上，型钢支架框架底部距楼板完成面不小于150mm。 （3）支撑框架型钢下料应采用机械切割，机械开孔或液压冲孔；支撑板、肋板、弧形保护板的加工尺寸必须标准统一，且切割面平整，无毛刺，所有支架受力件应满焊且双面焊接，承重件与管道焊缝的距离应大于200mm。	

续表

序号	施工步骤	材料、机具准备	工艺要点	效果展示
8	竖向管道安装	捯链、吊带、水平尺、钢卷尺等	（4）冷冻水管道支撑板与支撑框架之间采用硬质防腐木板支撑，防腐木板的厚度为20mm，采用镀锌螺栓紧固。 （5）如设计要求安装补偿器，则承重支架必须设置在补偿器上部。 （6）水管穿越楼板处应设置套管，套管高度高于地面完成面20mm，套管内径应满足符合设计规定厚度的保温层通过，套管与管道间采用不燃保温材料填实。 （7）冷却水出屋面管道应作接地跨接，出外墙处做防水封堵，管井应做挡水坎	
9	屋面管道安装		（1）管道支架采用45°碰角，双面焊接：支架固定牢固，设置合理，间距均匀。 （2）成品木托的厚度与保温层相同，宽度大于支、吊架支承面的宽度，木托内壁与管道外壁及支架的接触必须严密、无缝隙。 （3）支架应固定在结构梁板上，支架底部做（椭圆形、方形）支墩保护，支墩高出完成面150mm，表面平整，油漆涂刷色泽美观。 （4）管道保护层在管卡处也应做保护壳	
10	强度严密性试验	电动打压泵、压力表、临时限位装置等	（1）管道试验压力符合要求。 （2）试压管道在试验压力下先观测10min，压力降不	

续表

序号	施工步骤	材料、机具准备	工艺要点	效果展示
10	强度严密性试验	电动打压泵、压力表、临时限位装置等	得大于0.02MPa，然后降到工作压力进行检查，不渗不漏，管道承压测试时间最少为60min。水压严密性试验在水压强度试验和管网冲洗合格后进行，试验压力为设计的工作压力，稳压24h，应无渗漏	
11	绝热	保温材料、胶桶、刷子、裁纸刀、锯条、钢卷尺等	（1）空调冷热水管的保温必须在管路系统强度与严密性检验合格和防腐处理结束后进行，凝结水管的保温必须在管道灌水试验完毕后进行。 （2）保温范围应包括泵体、阀部件、支架	阀部件保温 泵体保温 支架保温

6.3 控制措施

序号	预控项目	产生原因	预控措施
1	抱卡与空调水管道间的防腐木托未填满空隙	使用通丝圆钢卡，抱卡与木托不同宽	（1）有木托时严禁使用圆钢抱卡。 （2）扁钢抱卡与防腐木托同宽
2	变形缝部位的补偿器选用不当；补偿器限位安装不当	交底不到位，对部件的功能不了解	（1）按设计要求使用波纹管或金属软管。 （2）不能用补偿器代替软管

续表

序号	预控项目	产生原因	预控措施
3	管道穿楼板或墙体未按规范要求设置套管；空调水管尤其是冷却水管穿过楼板或砖墙处未设置套管	套管尺寸过小，或环缝不均匀；套管外封堵补洞时，套管内未填塞密实	（1）在墙上安装的套管其两端与墙体饰面平齐，穿楼板的套管其下端与板底平齐，顶端高出楼板饰面 20 ~ 50mm。套管的尺寸一般应比管道尺寸大两个规格，如管道需绝热，应保证绝热层与套管间有 10 ~ 30mm 左右的间隙。 （2）需绝热管道在套管处必须作绝热处理，采用玻璃棉等不燃绝热材料将管道与套管之间的所有空隙填塞密实
4	管道焊接质量不佳；焊渣未散	一味追求焊接速度，焊接完成后未及时处理焊渣	（1）及时敲掉焊渣，保证管道焊接部位观感良好。 （2）推荐采用焊接机器人焊接
5	空调管道穿越伸缩缝，未设置伸缩节	交底不到位，未明确管道穿越伸缩缝的做法	（1）管道穿越结构变形缝处应设置金属柔性短管，长度 150 ~ 300mm。 （2）伸缩节应在施工及调试过程中设置临时约束装置，系统正常运行时拆除约束装置。 （3）保温性能满足系统要求
6	出屋面的空调水管道未设置套管	预留预埋时未考虑到该处套管的预留；后期工人进行管道施工，直接从屋面伸出管道	（1）拆除穿楼板段管道。 （2）加设套管，需要考虑屋面做法、厚度和套管外的防水要求

6.4 技术交底

6.4.1 施工准备

1. 材料要求

管材、阀门、管件等。

2. 主要机具

设备应选择低噪声、低耗、高效的机械设备（所用工机具必须经检验合格，与生产能力匹配且安全性能良好）。

（1）常用施工机具：套丝机、试压泵、台钻、冲击电钻、砂轮切割机、砂轮机、坡口机、钢管专用滚槽机、钢管专用开孔机、交流电焊机、PP-R 等复合管专用焊机、锯链、管钳等。

（2）常用测量工具：钢直尺、钢卷尺、角尺、压力表、焊缝检验尺、水平尺、线坠等。

3. 作业条件

（1）有关的土建工程施工完毕并经检查合格。

（2）土建预留套管或孔洞的尺寸、方位正确。

（3）管道、阀门、管道附件等经检验合格且已完成除锈、清洗等工作。

（4）设备配管时，该设备安装及单机调试结束。

（5）和相关专业一起的管线深化设计图已经审核，管道坡度、自动排气和放水点已确定。

6.4.2 操作工艺

1. 工艺流程

预留预埋→材料进场检查→支、吊架制作安装→管道安装→强度严密性试验→管道冲洗→绝热→系统调试。

2. 操作要点

空调水系统的管道一般选用无缝钢管、焊接钢管、镀锌钢管、PP-R、UPVC、PE-X 等。金属管道可采用焊接、丝接、卡箍连接和法兰连接等形式；非金属管道可采用热熔连接、焊接和粘接等形式；具体的连接方法应符合设计要求和产品技术要求的规定。管道与设备、阀门接口时，应采用便于拆卸的连接方式。

1）预留预埋

工程结构施工过程中，根据设计图纸要求，做好预留预埋；在管道工程施工前，进行复测；管道穿墙和楼板应设套管，套管规格、型号符合设计要求。

2）材料进场

管材、管件、阀门等安装前，应按设计要求检查型号、规格和质量，应清除内部污垢和杂物，并按规定要求对材料进行复试。

3）支、吊架制作安装

管道支、吊架的形式、位置、间距、标高应符合设计及规范要求。支、吊架按用途一般分为滑动支架、固定支架、导向支架、一般支架及吊架等。

（1）支、吊架设置的原则

满足管道的稳定性、强度和刚度以及输送介质的温度、工作压力、受力、受热后的形变等要求。

明装管道应考虑支、吊架的整齐一致与美观，管道的落地支架还应考虑通行的便利。

设有补偿器的管道应设置固定支架，固定支架结构形式和固定位置应符合图纸设计要求。

一般支、吊架选用根据标准图集，大管道或多根成排管道支、吊架型钢的选用应进行刚度和强度计算。

有减振要求时应加减振吊架；大管径阀门处要单独设置支、吊架。

支、吊架的间距应符合设计要求。

（2）金属管道支、吊架制作与安装

支、吊架制作：型钢下料不得用电气焊进行切割，须用专用工具切割；吊杆不得弯曲，其下端套丝长度一般大于100mm；吊杆长度不够须搭接时，其搭接长度一般为吊杆直径的8～10倍，搭接处应双面满焊，焊缝不得有漏焊、欠焊、裂纹、咬肉等缺陷，焊接变形应予矫正。

支吊架的预制、焊接应在集中场地内进行，四周设置挡板，以减少对周围环境的强光、噪声、烟气污染。施工过程中产生的边角余料、废旧电焊条头、焊渣等杂物应分类收集，统一集中处理。

支、吊架的生根应牢固，一般采用预埋铁件、膨胀螺栓、顶板打透眼等方法。

预埋铁件的钢板厚度应根据承重选择，钢板上焊钢筋爪钩以便和钢筋绑扎固定生根，不得用直筋插入绑扎的钢筋中。

膨胀螺栓埋设时应与结构面垂直，埋设的深度应使套管全部进入结构中，套管的端口和结构面相平。

顶板打透眼时在透眼上应用钢板或型钢作十字固定，十字长度应根据管径和现场情况超出透眼边缘50～100mm。

支、吊架安装的位置、标高应准确，支、吊架生根前应根据综合布置图、管道的操作距离、绝热距离以及与其他专业或其他管道交叉规定的距离进行测量放线。

支、吊架在安装前应作防腐处理，一般在除锈后刷防锈漆两道。刷漆时下方采取防油漆遗洒的措施；油漆用完后及时将盖子盖紧，以防有害气体挥发或油漆干结。埋入混凝土或墙体内部分不应刷油漆。

支、吊架安装：凝结水管道的支、吊架安装应留有足够的坡度。避免有“倒坡”的现象，使凝结水排水不通畅甚至溢出，造成吊顶和地面污染。蒸汽管、热水管的固定支架及滑动支架应严格按设计的位置安装，其管道应牢固地固定在支架上；在没有补偿器时有位移的直管段上，只能有一个固定架；无热位移的管道吊架的吊杆应垂直于管道，有热位移管道的吊杆应按位移量的 1/2 偏向位移相反方向倾斜安装；固定在建筑结构上的支、吊架不得影响结构的安全。

空调水系统管道应作绝热，在支、吊架处必须设置经防腐过的木托或其他绝热材料，其厚度与保温层厚度相同。

（3）非金属管道支、吊架制作与安装

非金属管道支、吊架的间距应符合设计要求。

采用金属管卡或金属支、吊架时，卡箍与管道之间应垫隔绝垫片，不可直接接触。

当非金属管道和金属管道连接时，其管卡或支、吊架应设在金属管配件一端。

热水管应加宽管卡及横梁的接触面积。

4）管道安装

（1）管道连接有焊接、丝接、法兰连接、沟槽式连接、热熔连接等方式。

（2）管道安装应遵循有压管让无压管、小管让大管的原则，按先装上后装下、先装里后装外的顺序进行。

（3）管道与支架接触要良好，不得有间隙。管道安装时，布局要合理、整齐一致、美观。

（4）冷、热水管道上下平行安装时，热水管应在冷水管的上方，垂直平行安装时，热水管应在冷水管的左侧。

（5）管道上的阀门、压力表、温度计等附件应安装在便于操作和观察的位置上。

5）水压试验

（1）管道安装完毕后，在保温前进行水压试验，水压试验时应将与设备连接的法兰拆除，或用盲板对设备进行隔断。

（2）打开水压试验管路中的阀门，开始向系统注水。

（3）开启系统上各高处的排气阀，使管道内的空气排尽。待灌满水后，关闭排气阀和进水阀，停止向系统注水。灌水时排气阀位置应派人留守，有水溢出时及时关闭排气阀，防止水到处流淌，污染环境，浪费水资源。

（4）打开连接加压泵的阀门，用电动或手动试压泵通过管路向系统加压，同时拧开压力表上的旋塞阀，观察压力表升高情况，一般分 2 ~ 3 次升至试验压力。在此过程中，每加压至一定数值时，应停下来对管道进行全面检查，无异常现象方可再继续加压。

（5）分区、分层试压：试验压力应该符合设计要求，如果设计无要求时，系统管道的试验压力：当工作压力小于等于 1MPa 时，为 1.5 倍工作压力，但最低不得小于等于 0.6MPa；当工作压力大于 1MPa 时，为工作压力加 0.5MPa。在试验压力下稳压 10min，压力不降且无渗漏、变形等异常现象，再将系统压力降到工作压力，60min 内外观检查无渗漏为合格。

（6）系统试压：在分区、分层管道和主干管全部接通后，应对整个系统进行试压。试验压力以最低点的压力为准，但最低点的压力不得超过管道和组件的承受能力。压力升至试验压力后，稳压 10min，压力下降不大于 0.02MPa，再将系统压力降至工作压力，外观检查无渗漏为合格。

（7）非金属管道强度试验压力为 1.5 倍的工作压力，严密性试验应为 1.15 倍的工作压力。以该系统顶点工作压力作为试验压力，同时试验压力不应该小于 0.4MPa。PP-R 管道达到试验压力后，压力在 1h 内下降不得超过 0.05MPa，然后再将压力下降到工作压力的 1.15 倍，稳压 2h，压降不大于 0.03MPa，各连接处不渗不漏为合格。

（8）当试验过程发现泄漏时，不得带压处理。处理后，重新进行试验。

（9）冷凝水系统采用充水试验，以不渗不漏为合格。

（10）系统试压达到合格验收标准后，将管道内的全部存水放至一级沉淀池内进行澄清后排放至城市管网，填写试验记录。

6）管道冲洗

（1）冲洗前应将系统内的仪表加以保护，并将孔板、喷嘴、滤网、节流阀及止回阀的阀芯等拆除，妥善保管，待冲洗合格后复位。对不允许冲洗的设备及管道应进行隔离。

（2）冲洗水的排放管应接入一级沉淀池中，经过澄清后排入排水井或沟中，并保证排水畅通和安全，排放管的截面积不应小于被冲洗管道截面积的 60%。

（3）水冲洗应以管内可能达到的最大流量或不小于 1.5m/s 的流速进行。在不损伤管道的情况下，应该用木槌或铜锤进行敲打，对焊缝、死角和管底等部位应重点敲打。

（4）水冲洗以出口水色和透明度与入口处目测一致为合格。

（5）大管道应采用闭式循环冲洗技术，利用水在管内流动的动力和紊流的涡旋及水对杂物的浮力，迫使管内杂质在流体中悬浮、移动，从而使杂质随流体带出管外或沉积于除污短管内清除掉。即向管内注水，脏水循环、排掉；再换水，清水循环、排掉；再换水，净水循环，再排掉等循环过程。

6.4.3 质量标准

1. 主控项目

1）空调水系统设备与附属设备的性能、技术参数，管道、管配件及阀门的类型、材质及连接形式应符合设计要求。

2）管道的安装应符合下列规定：

（1）隐蔽安装部位的管道安装完成后，应在水压试验合格后方能交付隐蔽工程的施工。

（2）并联水泵的出口管道进入总管应采用顺水流斜向插接的连接形式，夹角不应大于 60°。

（3）系统管道与设备的连接，应在设备安装完毕后进行。管道与水泵、制冷机组的接口应为柔性接管，且不得强行对口连接。与其连接的管道应设置独立支架。

（4）判定空调水系统管路冲洗、排污合格的条件是目测排出口的水色和透明度与入口的水对比应相近，且无可见杂物。当系统继续运行 2h 以上，水质保持稳定后，方可与设备相贯通。

（5）固定在建筑结构上的管道支、吊架，不得影响结构体的安全。管道穿越墙体或楼板处应设钢制套管，管道接口不得置于套管内，钢制套管应与墙体饰面或楼板底部平齐，上部应高出楼层地面 20 ~ 50mm，且不得将套管作为管道支撑。当穿越防火分区时，应采用不燃材料进行防火封堵；保温管道与套管四周的缝隙，应使用不燃绝热材料填塞紧密。

3）管道系统安装完毕，外观检查合格后，应按设计要求进行水压试验。当设计无要求时，应符合下列规定：

（1）冷（热）水、冷却水与蓄能（冷、热）系统的试验压力，当工作压力小于或等于 1MPa 时，应为 1.5 倍工作压力，最低不应小于 0.6MPa；当工作压力大于 1MPa 时，应为工作压力加 0.5MPa。

（2）系统最低点压力升至试验压力后，应稳压 10min，压力下降不应大于 0.02MPa，然后应将系统压力降至工作压力，外观检查无渗漏为合格。对于大型、高层建筑等垂直位差较大的冷（热）水、冷却水管道系统，当采用分区、分层试压时，在该部位的试验压力下，应稳压 10min，压力不得下降；再将系统压力降至该部位的工作压力，在 60min 内压力不得下降，外观检查无渗漏为合格。

（3）各类耐压塑料管的强度试验压力（冷水）应为 1.5 倍工作压力，且不应小于 0.9MPa；严密性试验压力应为 1.15 倍的设计工作压力。

（4）凝结水系统采用通水试验，应以不渗漏、排水畅通为合格。

4）阀门的安装应符合下列规定：

（1）阀门安装前应进行外观检查，阀门的铭牌应符合现行国家标准《工业阀门 标志》GB/T 12220 的有关规定。工作压力大于 1MPa 及在主干管上起到切断作用和系统冷、热水运行转换调节功能的阀门和止回阀，应进行壳体强度和阀瓣密封性能的试验，且应试验合格。其他阀门可不单独进行试验。壳体强度试验压力应为常温条件下公称压力的 1.5 倍，持续时间不应少于 5min，阀门的壳体、填料应无渗漏。严密性试验压力应为公称压力的 1.1 倍，在试验持续的时间内应保持压力不变，阀门压力试验持续时间与允许泄漏量应符合下表规定。

公称直径DN(mm)	最短试验持续时间（s）	
	严密性试验（水）	
	止回阀	其他阀门
≤ 50	60	15
65 ~ 150	60	60
200 ~ 300	60	120
≥ 350	120	120
允许泄漏量	3滴 ×（DN25mm）/min	小于DN65mm为0滴，其他为2滴 ×（DN25mm）/min

（2）阀门的安装位置、高度、进出口方向应符合设计要求，连接应牢固、紧密。

（3）安装在保温管道上的手动阀门的手柄不得朝下。

（4）动态与静态平衡阀的工作压力应符合系统设计要求，安装方向应正确。阀门在系统运行时，应按参数设计要求进行校核、调整。

（5）电动阀门的执行机构应能全程控制阀门的开启与关闭。

5）补偿器的安装应符合下列规定：

（1）补偿器的补偿量和安装位置应符合设计文件的要求，并应根据设计计算的补偿量进行预拉伸或预压缩。

（2）波纹管膨胀节或补偿器内套有焊缝的一端，水平管路上应安装在水流的流入端，垂直管路上应安装在上端。

（3）填料式补偿器应与管道保持同心，不得歪斜。

（4）补偿器一端的管道应设置固定支架，结构形式和固定位置应符合设计要求，并应在补偿器的预拉伸（或预压缩）前固定。

（5）滑动导向支架设置的位置应符合设计与产品技术文件的要求，管道滑动轴心应与补偿器轴心相一致。

2. 一般项目

1）采用建筑塑料管道的空调水系统，管道材质及连接方法应符合设计和产品技术的要求，管道安装尚应符合下列规定：

（1）采用法兰连接时，两法兰面应平行，误差不得大于2mm。密封垫为与法兰密封面相配套的平垫圈，不得凸入管内或凸出法兰之外。法兰连接螺栓应采用两次紧固，紧固后的螺母应与螺栓齐平或略低于螺栓。

（2）电熔连接或热熔连接的工作环境温度不应低于5℃。环境插口外表面与承口内表面应作小于0.2mm的刮削，连接后同心度的允许误差应为2%。热熔熔接接口圆周翻边应饱满、匀称，不应有缺口状缺陷、海绵状的浮渣与目测气孔。接口处的错边应小于10%的管壁厚。承插接口的插入深度应符合设计要求，熔融的包浆在承、插件间形成均匀的凸缘，不得有裂纹、凹陷等缺陷。

（3）采用密封圈承插连接的胶圈应位于密封槽内，不应有皱褶、扭曲。插入深度应符合产品要求，插管与承口周边的偏差不得大于2mm。

2）金属管道与设备的现场焊接应符合下列规定：

（1）管道焊接材料的品种、规格、性能应符合设计要求。管道焊接坡口形式和尺寸应符合规定。对口平直度的允许偏差应为1%，全长不应大于10mm。管道与设备的固定焊口应远离设备，且不宜与设备接口中心线相重合。管道的对接焊缝与支、吊架的距离应大于50mm。

（2）管道现场焊接后，焊缝表面应清理干净，并应进行外观质量检查。焊缝外观质量应符合规定。

3）螺纹连接管道的螺纹应清洁规整，断丝或缺丝不应大于螺纹全扣数的 10%。管道的连接应牢固，接口处的外露螺纹应为 2 ~ 3 扣，不应有外露填料。镀锌管道的镀锌层应保护完好，局部破损处应进行防腐处理。

4）法兰连接管道的法兰面应与管道中心线垂直，且应同心。法兰对接应平行，偏差不应大于管道外径的 1.5‰，且不得大于 2mm。连接螺栓长度应一致，螺母应在同一侧，并应均匀拧紧。紧固后的螺母应与螺栓端部平齐或略低于螺栓。法兰衬垫的材料、规格与厚度应符合设计要求。

5）沟槽式连接管道的沟槽与橡胶密封圈和卡箍套应配套，沟槽及支、吊架的间距应符合规范要求。

6）金属管道的支、吊架的形式、位置、间距、标高应符合设计要求。

7）采用聚丙烯（PP-R）管道时，管道与金属支、吊架之间应采取隔绝措施，不宜直接接触，支、吊架的间距应符合设计要求。

8）补偿器的安装应符合下列规定：

（1）波纹补偿器、膨胀节应与管道保持同心，不得偏斜和周向扭转。

（2）填料式补偿器应按设计文件要求的安装长度及温度变化，留有 5mm 剩余的收缩量。两侧的导向支座应保证运行时补偿器自由伸缩，不得偏离中心，允许偏差应为管道公称直径的 5‰。

6.4.4 成品保护措施

（1）管道调直时，注意不得损伤丝扣接头；严禁在阀门处加力，以免损坏阀体。

（2）加工的半成品要编上号并捆扎好，存放在专用的场地，安装时运至安装地点，按编号就位。

（3）暂不安装的丝头，要用机油涂抹后包上塑料布，防止锈蚀、碰坏。

（4）安装好的管道不应作为吊装或支撑的受力点。

（5）管道安装间断时，应及时将各管口封闭。

（6）管道和附件搬运、安装、施焊时，要注意保护好已做好的墙面和地面。

（7）冲洗过程中，严禁水或蒸汽冲坏土建装修面，应设专人看护。

（8）在堵洞浇捣混凝土时应控制套管环隙不要挤向一侧，应使位置正确。

（9）安装完成后的管道、附件、仪表等应有防止损坏的措施。

6.4.5 安全、环保措施

（1）临时脚手架应搭设平稳、牢固，脚手架跨度不应大于2m。移动平台应经专项验收合格后方可使用。

（2）安装管道时，应先将管道固定在支、吊架上再接口，防止管道滑脱。

（3）顶棚内焊接应严加注意防火，焊接地点周围严禁堆放易燃物。

（4）使用套丝机进刀退刀时，用力要均衡，不得用力过猛。

（5）使用电气设备前，先检查有无漏电，如有故障，必须经电工修理好方可使用。

（6）操作转动设备时，严禁戴手套，并应将袖口扎紧。

（7）使用手锤，先检查锤头是否牢固。

（8）高空作业时要系好安全带，严防蹬滑或踩探头板。

（9）管道试压时，严禁使用失灵或不准确的压力表。

（10）试压中，对管道加压时，应集中注意力观察压力表，防止超压。

（11）冲洗水的排放管，应接至可靠的排水井或排水沟里，防止污染环境。

7

7 空调水设备安装施工工艺

7.1 施工工艺流程

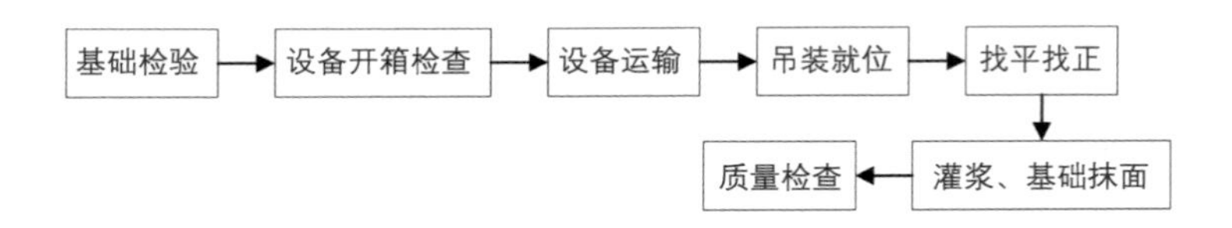

7.2 施工工艺标准图

序号	施工步骤	材料、机具准备	工艺要点	效果展示
1	制冷机组安装	起重机、叉车、地坦克、液压车、捯链、钢丝绳、吊带等	（1）制冷机组基础应根据设备型号进行深化设计排布，基础高出地面200mm，基础大小比底座边长多出100 ~ 150mm；同型号多台基础位置排布应成排成线。 （2）基础四周设置 ϕ100mm半圆形排水沟通向主排水沟，排水沟至设备基础边间距一致，排水沟应有5‰的坡度，坡向主沟，沟内不得有积水。 （3）减振器选型合理，安放平稳，位置正确，受力后压缩量均匀一致，土建装饰层不得覆盖减振器底板。 （4）地脚螺栓加套管保护，防止锈蚀，套管直径与螺母匹配，高度一致且高出螺栓顶5mm，间隙用黄油填塞。 （5）供回水管线综合排布，支架设置合理，阀门仪表成排成线，便于操作或观察。 （6）机组与橡胶软接连接时螺栓头位于内侧，软接头无明显变形，与阀门连接时螺栓头位于外侧	

续表

序号	施工步骤	材料、机具准备	工艺要点	效果展示
2	空调水泵安装	起重机、叉车、地坦克、液压车、捯链、钢丝绳、吊带等	（1）同型号多台设备基础应统一排布，基础大小标高一致，排列整齐。 （2）基础高度 200mm；基础大小比设备底座边长多出 100 ~ 150mm。 （3）减振器（垫）安装位置准确，固定牢固，受力压缩量均匀一致。 （4）设备减振台座四周设置限位器，限位器和台座应增加橡胶隔振垫。 （5）地脚螺栓加套管保护，防止锈蚀，套管直径与螺母匹配，高度一致且高出螺栓顶 5mm，间隙用黄油填塞。 （6）基础四周设置 ϕ100mm 半圆弧形排水沟通向主排水沟，排水沟至设备基础边间距一致。 （7）排水沟应有 5‰的坡度，坡向主沟，沟内不得有积水。 （8）空调冷冻水泵泵体应进行保温绝热处理。 （9）水泵入口应采用偏心大小头，管顶平；出口采用同心大小头；过滤器清扫口侧向安装，便于检修；软接头靠近设备设置，螺母端向外。 （10）弯管顶托支架的减振量应与设备减振器（垫）相匹配，支架位于立管中心线，设备不得承受管件或阀门的附加应力。 （11）落地管道支架应设置高度 150mm 的混凝土支墩保护	

续表

序号	施工步骤	材料、机具准备	工艺要点	效果展示
3	冷却塔安装	起重机、叉车、地坦克、液压车、捯链、钢丝绳、吊带等	（1）冷却塔基础高度应根据屋面冷却水水平干管标高，以及支管装配要求，合理确定；成排安装的冷却塔基础及配管应进行综合深化排布，管线布局整齐美观。阀门布置合理，便于操作。 （2）成排冷却塔需充分考虑安装空间和维护检修通道。 （3）管线支架应提前策划，进水管应设置支架，不能利用塔身固定管道，支架应固定在结构上，优先设置在梁上，支架底部应做支墩保护。 （4）设备底座与基础之间应设置减振器（垫），减振器安（垫）装平整：基础找平层不得遮盖减振器（在减振垫下放置与装饰层厚度一致的钢板）。 （5）设备基础固定螺栓应加弹簧垫片，基础外露螺栓加保护套管填黄油，防止锈蚀。 （6）冷却塔进出水管、补水管均应采用橡胶（或金属）软接连接；平衡管、溢流水不应安装截断阀门；溢流管不得接入排水沟（距沟盖板100mm）。 （7）冷却塔本体组装，箱体接缝平整、严密。 （8）冷却塔基础施工时应预埋接地扁钢，扁钢与引下线相连，冷却塔按设计要求采取避雷措施	 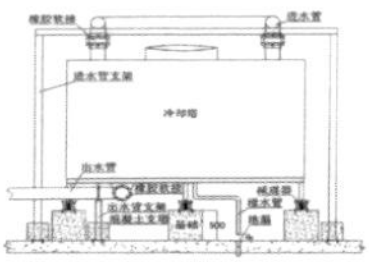

续表

序号	施工步骤	材料、机具准备	工艺要点	效果展示
4	分集水器安装	起重机、叉车、地坦克、液压车、捯链、钢丝绳、吊带等	（1）分集水器支座一侧应为滑动支座，底座采用椭圆（分集水器轴线方向）长孔固定。 （2）外露地脚螺栓加保护帽或加塑料套管填黄油保护，防止锈蚀。 （3）分集水器的配管需考虑温度位移补偿措施，分集水器进出口管线的直线距离不宜小于 1m，不得直接安装弯头。 （4）接到集水器上的膨胀管不得加装阀门。 （5）管线阀门安装成排成线，阀门便于操作，常开、常闭、指向等标示明显。 （6）设备支撑保温至距底座 100mm 处，设备保温不得遮盖铭牌。 （7）基础四周设置 ϕ100mm 半圆弧形排水沟通向主排水沟，排水沟至设备基础边间距一致，排水沟应有 5‰的坡度，坡向主沟，沟内不得有积水；分集水器泄水管应保温至阀门，阀门后不保温，泄水管接至主排水沟处。 （8）温度计、压力表接头应作加长处理，充分考虑保温厚度。 （9）仪表保温宜考虑使用保温套	

7.3 控制措施

序号	预控项目	产生原因	预控措施
1	室外机基础型钢设置不规范；槽钢与室外机之间未加橡胶减振垫，槽钢未与基础固定	交底不到位，工人对槽钢在机座上的位置不清楚	（1）室外机横梁落在基础上，室外机与基础间设置橡胶减振垫。 （2）机组底座与基础应用螺栓固定
2	分集水器与基座间的托架无防冷桥措施；铭牌被保温覆盖	交底未明确安装换热器时托架的绝热施工要点；未明确铭牌的处理方式	（1）移开分集水器。 （2）在托架上加设防腐木垫块以防冷桥。 （3）分集水器订货时明确铭牌外露，考虑保温厚度。 （4）铭牌也可拆解后安装在保护壳外壁
3	冷却塔顶部水槽压水罩安装不符合规范要求，与水管连接不紧密；冷却水管固定在冷却塔上	冷却塔顶部水槽压水罩安装不符合规范要求；技术人员跟进不到位，工人不明确压水罩的具体做法,施工粗糙、随意	（1）冷却塔水管道应设置独立基础和单独支架。 （2）交底时明确压水罩的具体做法
4	室外机组距离墙体过近；机组后面未留出足够检修空间，且不利于散热	设计院/技术人员考虑不到位	（1）室外机要摆放在空旷场地。 （2）每台机组都要留出足够的备用空间
5	设备基础四周无排水沟	土建单位遗漏，或自作主张取消；机电安装专业单位未有效传递提资信息	（1）在地面施工前，安装专业需对设备机房内排水沟形式给建筑专业提资。 （2）浇筑地坪期间，安装专业人员及时提醒土建单位及时按要求布设排水沟。 （3）机房内的地面和设备机座应采用易于清洗的面层。 （4）机房内设备基础周边应设置排水沟，便于检修、维修时水及时排出

序号	预控项目	产生原因	预控措施
6	空调机组减振垫歪斜	安装时未合理分配减振器位置，使得重心偏离	（1）减振器承受的荷载不应大于减振器的许可荷载范围。 （2）支承点数不应少于4个，水泵较重、尺寸较大时可用6～8个。 （3）隔振元件应按水泵机组的重心位置合理布置；橡胶隔振垫的平面布置可按顺时针方向或逆时针方向布置
7	空调机组外壳破损	无设备运输、吊装、安装过程中的保护方案，无成品保护措施	（1）设备外观应完好无损，无变形。 （2）设备进场装卸、运输、吊装时应注意包装箱上的标记，不得翻转倒置、倾斜，不得野蛮装卸。 （3）不得将钢丝绳、索具直接绑在设备的非承力外壳、加工面上，钢丝绳与设备接触处要用软木条或胶皮垫等保护，避免划伤。 （4）严禁敲击、碰撞设备

7.4 技术交底

7.4.1 施工准备

1. 材料要求

设备安装所使用的主料和辅料的规格、型号应符合设计规定，并具有出厂合格证明书或质量鉴定文件。设备的地脚螺栓以及平、斜垫铁材质、规格和加工精度应满足设备安装要求；设备安装所采用的减振器或减振垫的规格、材质和单位面积的承载力应符合设计和设备安装要求。

2. 主要机具

（1）施工机具：卷扬机、空气压缩机、真空泵、砂轮切割机、磨光机、压力工作台、副链、台钻、电锤、坡口机、铜管翻边器、手锯、套丝板、管钳、套筒扳手、活扳手、平尺、铁锤、电气焊设备等。

（2）测量工具：钢直尺、钢卷尺、角尺、水平尺、塞尺、线坠、水准仪、经纬仪、半导体测温计、U 型压力计等。

3. 作业条件

（1）土建基础施工、验收完毕，设备基础及预埋件的强度达到安装条件。

（2）保持设备运输路线通畅，清理安装作业点周围的障碍物，确保安装所必需的作业空间。

（3）准备设备安装施工中所需的水、电、气等资源。

（4）设备堆放地点应防雨淋、防潮、防腐蚀、防阳光暴晒，并应采取可靠的预防设备损坏的措施。

7.4.2 操作工艺

1. 工艺流程

基础检验→设备开箱检查→设备运输→吊装就位→找平找正→灌浆、基础抹面→质量检查。

2. 操作要点

1）基础检验

会同建设单位、监理单位和土建单位对基础质量进行检查，确认合格后进行中间交接，检查内容主要包括：外形尺寸、平面的水平度、中心线、标高、地脚螺栓孔的深度和间距、埋设件等。

2）设备开箱检查

水泵、冷却塔、制冷机组的技术参数和产品性能应符合设计要求，水箱、集水器、分水器等内外壁防腐涂层的材质、涂抹质量、厚度应符合设计或产品技术文件的要求。

3）设备运输

搬运设备应有专人指挥，使用的工具及绳索必须符合安全要求。设备的吊点应设置可靠、合理，绑扎牢固，避免吊装过程中设备滑落造成设备损伤。

4）制冷机组安装

（1）制冷机组基础应根据设备型号进行深化设计排布，基础高出地面 200mm，基础大小比底座边长多出 100 ~ 150mm；同型号多台基础位置排布应成排成线。

（2）基础四周设置 ϕ100mm 半圆形排水沟通向主排水沟，排水沟至设备基础边间距一致，排水沟应有 5‰的坡度，坡向主沟，沟内不得有积水。

（3）减振器选型合理，安放平稳，位置正确，受力后压缩量均匀一致，土建装饰层不得覆盖减振器底板。

（4）地脚螺栓加套管保护，防止锈蚀，套管直径与螺母匹配，高度一致且高出螺栓顶 5mm，间隙用黄油填塞。

（5）供回水管线综合排布，支架设置合理，阀门仪表成排成线，便于操作或观察。

（6）机组与橡胶软接连接时螺栓头位于内侧，软接头无明显变形，与阀门连接时螺栓头位于外侧。

5）空调水泵安装

（1）同型号多台设备基础应统一排布，基础大小、标高一致，排列整齐。

（2）基础高度200mm；基础大小比设备底座边长多出100 ~ 150mm。

（3）减振器（垫）安装位置准确，固定牢固，受力压缩量均匀一致。

（4）设备减振台座四周设置限位器，限位器和台座应增加橡胶隔振垫。

（5）地脚螺栓加套管保护，防止锈蚀，套管直径与螺母匹配，高度一致且高出螺栓顶5mm，间隙用黄油填塞。

（6）基础四周设置 ϕ100mm 半圆弧形排水沟通向主排水沟，排水沟至设备基础边间距一致。

（7）排水沟应有5‰的坡度，坡向主沟，沟内不得有积水。

（8）空调冷冻水泵泵体应进行保温绝热处理。

（9）水泵入口应采用偏心大小头，管顶平接；出口采用同心大小头；过滤器清扫口侧向安装，便于检修；软接头靠近设备设置，螺母端向外。

（10）弯管顶托支架的减振量应与设备减振器（垫）相匹配，支架位于立管中心线，设备不得承受管件或阀门的附加应力。

（11）落地管道支架应设置高度150mm的混凝土支墩保护。

6）冷却塔安装

（1）冷却塔基础高度应根据屋面冷却水水平干管标高，以及支管装配要求，合理确定高度；成排安装的冷却塔基础及配管应进行综合深化排布，管线布局整齐美观。阀门布置合理，便于操作。

（2）成排冷却塔需充分考虑安装空间和维护检修通道。

（3）管线支架应提前策划，进水管应设置支架，不能利用塔身固定管道，支架应固定在结构上，优先设置在梁上，支架底部应做支墩保护。

（4）设备底座与基础之间应设置减振器（垫），减振器（垫）安装平整；基础找平层不得遮盖减振器（在减振垫下放置与装饰层厚度一致的钢板）。

（5）设备基础固定螺栓应加弹簧垫片，基础外露螺栓加保护套管填黄油，防止锈蚀。

（6）冷却塔进出水管、补水管均应采用橡胶（或金属）软接连接；平衡管、溢流水管不应安装截断阀门；溢流管不得接入排水沟（距沟盖板 100mm）。

（7）冷却塔本体组装，箱体接缝平整、严密。

（8）冷却塔基础施工时应预埋接地扁钢，扁钢与引下线相连，冷却塔按设计要求采取避雷措施。

7）分集水器安装

（1）分集水器支座一侧应为滑动支座，底座采用椭圆（分集水器轴线方向）长孔固定。

（2）外露地脚螺栓加保护帽或加塑料套管填黄油保护，防止锈蚀。

（3）分集水器的配管需考虑温度位移补偿措施，分集水器进出口管线的直线距离不宜小于 1m，不得直接安装弯头。

（4）接到集水器上的膨胀管不得加装阀门。

（5）管线阀门安装成排成线，阀门便于操作，常开、常闭、指向等标示明显。

（6）设备支撑保温至距底座 100mm 处，设备保温不得遮盖铭牌。

（7）基础四周设置 ϕ100mm 半圆弧形排水沟通向主排水沟，排水沟至设备基础边间距一致；排水沟应有5‰的坡度，坡向主沟，沟内不得有积水；分集水器泄水管应做保温至阀门，阀门后不做保温，泄水管接至主排水沟处。

（8）温度计、压力表接头应作加长处理，充分考虑保温厚度。

（9）仪表保温宜考虑使用保温套。

8）找平、找正

（1）根据施工图纸按照建筑物的定位轴线弹出设备基础的纵横向中心线，利用铲车、人字桅杆将设备吊至设备基础上进行就位。应注意设备管口方向应符合设计要求，将设备的水平度调整到接近要求的程度。

（2）利用平垫铁或斜垫铁对设备进行初平，垫铁的放置位置和数量应符合设备安装要求。设备垫铁尽量选择成品件或外委加工，避免自己加工产生噪声和一氧化碳、二氧化硫的排放。

9）灌浆、基础抹面

（1）设备初平合格后，应对地脚螺栓孔进行二次灌浆，所用的细石混凝土或水泥砂浆的强度等级应比基础强度等级高1～2级。灌浆前应清理孔内的污物、泥土等杂物。每个孔洞灌浆必须一次完成，分层捣实。混凝土振捣时应采用人工振捣或噪声低的振动器振捣，降低噪声污染，同时要保持螺栓处于垂直状态。待其强度达到70%以上时，方能拧紧地脚螺栓。混凝土应随拌随用，预防拌制过多剩余或未使用已初凝，浪费资源。清理地脚螺栓孔的积水应倒入无渗漏的小桶中，不得随意排放，影响环境卫生。

（2）设备精平后应及时点焊垫铁，设备底座与基础表面间的空隙应用混凝土填满，并将垫铁埋在混凝土内，灌浆层上表面应略有坡度，以防油、水流入设备底座造成污染而无法清理，抹面砂浆应压密实、表面光滑美观。

（3）利用水平仪法或铅垂线法在气缸加工面、底座或与底座平行的加工面上测量，对设备进行精平，使机身纵、横向水平度的允许偏差为 1/1000，并应符合设备技术文件的规定。

7.4.3 质量标准

1. 主控项目

（1）制冷机组及附属设备的安装应符合下列规定：制冷（热）设备、制冷附属设备产品性能和技术参数应符合设计要求，并应具有产品合格证书、产品性能检验报告。设备的混凝土基础应进行质量交接验收，且应验收合格。设备安装的位置、标高和管口方向应符合设计要求。采用地脚螺栓固定的制冷设备或附属设备，垫铁的放置位置应正确，接触应紧密，每组垫铁不应超过 3 块；螺栓应紧固，并应采取防松动措施。

（2）制冷剂管道系统应按设计要求或产品要求进行强度、气密性及真空试验，且应试验合格。

（3）组装式的制冷机组和现场充注制冷剂的机组，应进行系统管路吹污、气密性试验、真空试验和充注制冷剂检漏试验，技术数据应符合产品技术文件要求和国家现行标准的有关规定。

2. 一般项目

1）制冷（热）机组与附属设备的安装要求

（1）设备与附属设备安装允许偏差和检验方法应符合下表规定：

项次	项目	允许偏差	检验方法
1	平面位置	10mm	经纬仪或拉线和尺量检查
2	标高	±10mm	水准仪或经纬仪、拉线和尺量检查

（2）整体组合式制冷机组机身纵、横向水平度的允许偏差应小于1‰。当采用垫铁调整机组水平度时，应接触紧密并相对固定。

（3）附属设备的安装应符合设备技术文件的要求，水平度或垂直度允许偏差应小于1‰。

（4）制冷设备或制冷附属设备基（机）座下减振器的安装位置应与设备重心相匹配，各个减振器的压缩量应均匀一致，且偏差不应大于2mm。

（5）采用弹性减振器的制冷机组，应设置防止机组运行时水平位移的定位装置。

（6）冷热源与辅助设备的安装位置应满足设备操作及维修的空间要求，四周应有排水设施。

2）制冷剂管道、管件的安装要求

（1）管道、管件的内外壁应清洁、干燥，连接制冷机的吸、排气管道应设独立支架；管径小于等于40mm的铜管道，在与阀门连接处应设置支架。水平管道支架的间距不应大于1.5m，垂直管道不应大于2m；管道上、下平行敷设时，吸气管应在下方。

（2）制冷剂管道弯管的弯曲半径不应小于3.5倍管道直径，最大外径与最小外径之差不应大于0.08倍管道直径，且不应使用焊接弯管及皱褶弯管。

（3）制冷剂管道的分支管，应按介质流向弯成90°，与主管连接，不宜使用弯曲半径小于1.5倍管道直径的压制弯管。

（4）铜管切口应平整，不得有毛刺、凹凸等缺陷，切口允许倾斜偏差应为管径的 1%；管扩口应保持同心，不得有开裂及皱褶，并应有良好的密封面。

3）制冷剂系统阀门的安装要求

（1）制冷剂阀门安装前应进行强度和严密性试验。强度试验压力应为阀门公称压力的 1.5 倍，时间不得少于 5min；严密性试验压力应为阀门公称压力的 1.1 倍，持续时间 30s 不漏为合格。

（2）阀体应清洁干燥、不得有锈蚀，安装位置、方向和高度应符合设计要求。

（3）水平管道上阀门的手柄不应向下，垂直管道上阀门的手柄应便于操作。

（4）自控阀门安装的位置应符合设计要求。电磁阀、调节阀、热力膨胀阀、升降式止回阀等的阀头均应向上；热力膨胀阀的安装位置应高于感温包，感温包应装在蒸发器出口处的回气管上，与管道应接触良好、绑扎紧密。

（5）安全阀应垂直安装在便于检修的位置，排气管的出口应朝向安全地带，排液管应装在泄水管上。

7.4.4 成品保护措施

（1）管道预制加工、防腐、安装、试压等工序应紧密衔接，如施工有间断，应及时将敞开的管口封闭，以免进入杂物堵塞管道。

（2）吊装重物不得利用已安装好的管道作为吊点，也不得在管道上搭设脚手板踩蹬。

（3）设备安装就位后，应采取防止损坏、污染、丢失等措施，其接口、仪表、操作盘等应包扎严实。

（4）安装后的设备不应作为其他受力的支点。

（5）安装用的管洞的修补工作，必须在面层粉饰之前全部完成。

7.4.5 安全、环保措施

（1）安装操作时应戴手套；焊接施工时须戴好防护眼镜面罩及手套。

（2）在密闭空间或设备内焊接作业时，应有良好的通排风措施，并设专人监护。

（3）管道吹扫时，排放口应接至安全地点，不得对人和设备，防止造成人员伤亡及设备损伤。

（4）管道采用蒸汽吹扫时，应先进行暖管，吹扫现场设置警戒线，无关人员不得进入现场，防止蒸汽烫伤人。

（5）采用电动套丝机进行套丝作业时，操作人员不得佩戴手套。

（6）避免制冷剂的泄漏，减少对大气的污染。

（7）管道吹扫的排放口应定点排放，不得污染已安装的设备及周围环境。

（8）施工过程中产生的铁锈，报废的润滑脂、地脚螺栓、垫铁、混凝土等应分类回收，统一集中处理。

（9）管道和支吊架油漆时，应做好隔离工作，不得污染已完工的地面、墙壁、吊顶及其他安装成品。

8

⑧

防腐与绝热施工工艺

8.1 施工工艺流程

1. 防腐工艺流程

2. 风管及部件绝热工艺流程

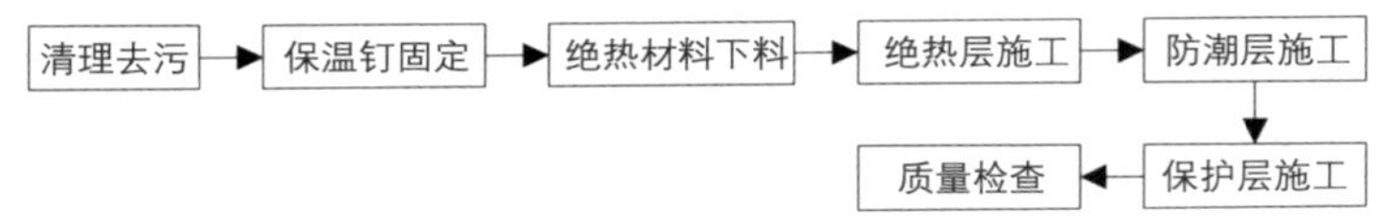

3. 管道及设备绝热工艺流程

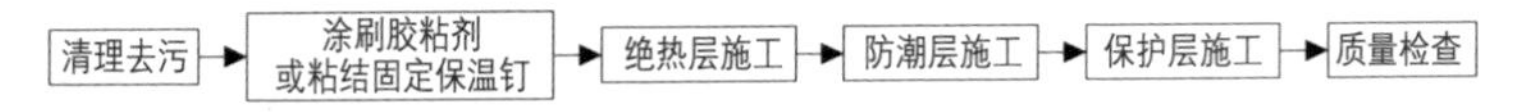

8.2 施工工艺标准图

序号	施工步骤	材料、机具准备	工艺要点	效果展示
1	防腐	防腐涂料、绝热防潮卷材、保温钉、胶粘剂、钢卷尺等	（1）防腐施工前应对金属表面进行除锈、清洁处理。管道与设备表面除锈不应残留锈迹、焊渣和积尘，除锈等级应符合设计及防腐涂料产品技术文件的要求。 （2）涂刷防腐涂料时应控制涂刷厚度，保持均匀，不应出现漏涂、起泡等现象。底层涂料与金属表面结合应紧密	
2	风管及部件绝热		（1）镀锌钢板风管绝热施工前应进行表面去油、清洁处理。绝热层与风管、部件及设备应紧密结合，无缝隙、空隙等缺陷，且纵、横向的拼缝应错开。	

续表

序号	施工步骤	材料、机具准备	工艺要点	效果展示
2	风管及部件绝热	防腐涂料、绝热防潮卷材、保温钉、胶粘剂、钢卷尺等	（2）阀门、三通、弯头等部位的绝热层宜采用绝热板材切割预组合后，再进行施工。风管部件的绝热不应影响其操作功能。 （3）胶粘剂应与绝热材料相匹配，并符合其使用温度要求	
3	管道及设备绝热		（1）空调水系统管道与设备绝热施工前应进行表面清洁处理，防腐层损坏的应补涂完整。 （2）管道阀门、过滤器及法兰部位的绝热结构应能单独拆卸，且不影响其操作功能。 （3）空调冷热水管道穿楼板或穿墙处的绝热层应连续不间断。 （4）保护层立管的金属保护层应自下而上进行施工，环向搭接缝应朝下；水平管道的金属保护壳应从管道低处向高处进行施工，环向搭接缝扣应朝向低端，纵向搭接缝应位于管道的侧下方，并顺水	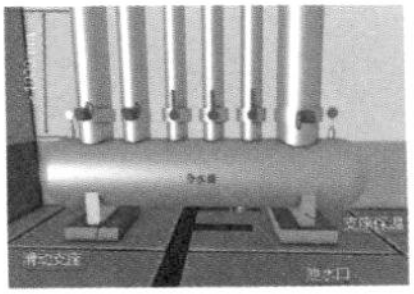

8.3 控制措施

序号	预控项目	产生原因	预控措施
1	吊架与风管之间未装隔热垫	防晃支架未使用厚度与保温厚度相同的绝热材料（如木材）作为支承垫	保温风管支吊架使用与保温厚度相同的绝热材料（如木材）作为支承垫，并应安装固定牢固；按 03K132《风管支吊架》图集风管与吊架横担之间应设置硬质绝热垫块，厚度宜与保温厚度相同
2	保温钉数量不足，分布不均，不满足规范要求	工人施工图省事；偷工减料	根据规范规定及施工工艺标准要求，矩形风管与设备保温钉应分布均匀。 其数量底面每平方米不少于 16 个，侧面不少于 10 个，顶面不少于 8 个。 保温钉至风管或保温材料边缘的距离不大于 120mm
3	隐蔽前，保温钉脱落	风管保温钉脱落；保温层拼接部位未有效粘结，导致拼接部位脱落	胶粘剂在施工前认真选择经过试验确认合格的产品。胶粘剂应具备无腐蚀、固化快、不老化、粘结强度高及粘结后在潮湿环境中不脱落等性能。 在粘结保温钉前，必须用清洗剂将风管表面和保温钉表面的油污清洗干净。粘结后不能马上进行保温作业，必须待胶粘剂固化并有一定的粘结强度后才能进行，防止保温钉脱落。 保温钉在风管单位面积上的数量已达到，但必须分布均匀，防止分布不均、集中受力，使保温钉脱落

续表

序号	预控项目	产生原因	预控措施
4	涂层厚度不均匀；表面污染、破坏；表面刷漆流淌、挂壁	现场加工涂刷，防锈漆调制比例不合理；工人不便于批量作业；管道刷漆前打磨除锈不到位，刷漆环境潮湿	油漆、涂料的调配比例及涂层厚度应严格按照设计或产品使用说明要求；同时注意施工环境要求。 涂刷时应由上至下，从内到外，用力均匀；防腐层厚度符合相关要求后，进行下道工序。 管道安装过程中，采取覆盖、包扎等成品保护措施，防止防腐层被污染、破坏
5	管道、设备保温厚度不符合要求；平整度不符合要求	管道保温厚度不同，平整度不符合要求；法兰处未单独下料保温	管道保温厚度不同，平整度不符合要求；法兰处未单独下料保温
6	阀门未进行保温	工人施工粗糙、随意，技术人员交底不到位；保温施工跟进检查质量不及时	阀门等附件的保温应完整严密，且不应影响到阀门手柄的操作；阀体及压盖均应包扎绝热层，绑扎紧密；阀门金属保护层应制作成保护盒，盒内绝热层填充密实。 保温外壳压封应考虑顺水，避免水顺拼缝流入保温层内
7	分歧管橡塑保温不紧密；开裂有缝隙，造成漏水隐患	进场的保温材料未包括专用的分歧管保温附件	分歧管处保温材料结合应紧密、无缝隙，需使用专用保温附件
8	屋面空调管道保护壳固定螺栓朝上	施工时未考虑使用过程中漏雨渗入保温层内部，影响保温效果	水平弯管处，保护壳固定螺栓应朝下。 直管段为侧下方 45°，不便于观察处，保护壳顺水搭接。 避免室外雨水顺铆钉灌入保温层中

续表

序号	预控项目	产生原因	预控措施
9	垫木内径与管道外径不符；保温与垫木之间间隙过大	冷冻水管用垫木内径小于冷冻水；管外径；保温材料与垫木之间存在缝隙，未刷胶水	冷冻水管用绝热垫木内径应和冷冻水管外径相同且与冷冻水管贴紧；保温材料与垫木之间应连接紧密，不留缝隙

8.4 技术交底

8.4.1 施工准备

1. 材料准备

1）防腐材料

油脂涂料、国漆、酚醛树脂涂料、环氧树脂涂料、聚氨酯涂料等。

2）绝热材料

（1）板材：岩棉板、铝箔岩棉板、超细玻璃棉毡、铝箔离心玻璃棉板、自熄性聚苯乙烯泡沫塑料、聚氨酯泡沫塑料、橡塑板、铝镁质隔热板等。

（2）管壳制品：岩棉、矿渣棉、玻璃棉、硬聚氨酯泡沫塑料管壳、铝箔超细玻璃棉管壳、橡塑管壳、聚苯乙烯泡沫塑料管壳、预制瓦块（泡沫混凝土、珍珠岩、蛭石）等。

（3）卷材：聚苯乙烯泡沫塑料、岩棉、橡塑等。

（4）防潮层：玻璃丝布、聚乙烯薄膜、夹筋铝箔（兼保护层）等。

（5）保护层：镀锌钢丝网、玻璃丝布、镀锌薄铝板、镀锌薄钢板、铝箔纸、不锈钢板（带）和 PVC 薄板等。

（6）其他材料：铝箔胶带、胶粘剂、防火涂料、保温钉等。

2. 主要机具

（1）施工机具：卷板机、轧边机、钢丝刷、粗纱布、压缩机、磨光机、喷壶、直排毛刷子、滚筒毛刷、圆盘锯、手锯、裁纸刀、钢板尺、毛刷子、打包钳、手电钻、剪刀、腰子刀、油刷子、抹子、小桶、弯钩、平抹子、圆弧抹子等。

（2）测量工具：压力表、漆膜测厚仪、钢卷尺、钢针、靠尺、楔形塞尺等。

3. 作业条件

（1）油漆按照产品说明书要求配制完毕，熟化时间达到油漆使用要求。

（2）油漆施工前，待防腐处理的构件表面无灰尘、铁锈、油污等脏物，并保持干燥。

（3）管材、型材及板材按照使用要求已进行校正处理。

（4）待涂刷的焊缝检验（或检查）合格，焊渣、药皮、飞溅等已清理干净。

（5）管道及设备的水压试验及防腐已合格；如果先做绝热层，应将管道的接口及焊接处留出，待水压试验合格后再作接口处的防腐、绝热施工。

（6）地沟、管井内的杂物已清理干净。

（7）湿作业的灰泥保护壳在冬期施工时，防冻措施已到位。

（8）场地清洁干净，有良好的照明设施，冬、雨期施工的防冻、防雨雪措施已到位。

（9）防止环境污染和产生职业病的措施已到位。

8.4.2 操作工艺

1. 防腐

1）工艺流程

除锈→去污→表面清洁→底层涂料→面层涂料→质量检查。

2）施工操作要点

（1）防腐施工前应对金属表面进行除锈、清洁处理，可选用人工除锈或喷砂除锈的方法。喷砂除锈宜在具备除灰降尘条件的车间进行。

（2）管道与设备表面除锈后不应有残留锈迹、焊渣和积尘，除锈等级应符合设计及防腐涂料产品技术文件的要求。

（3）管道与设备的油污宜采用碱性溶剂清除，清洗后擦净晾干。

（4）涂刷防腐涂料时，应控制涂刷厚度，保持均匀，不应出现漏涂、起泡等现象。

（5）手工涂刷材料时，应根据涂刷部位选用相应的刷子，宜采用纵、横交叉涂抹的作业方法。快干涂料不宜采用手工涂刷。

（6）底层涂料与金属表面结合应紧密。其他层涂料涂刷应精细，不宜过厚。面层涂料为调合漆或瓷器漆时，涂刷应薄而均匀。每一层漆干燥后再涂下一层。第二层的颜色最好与第一层颜色略有区别，以检查第二层是否有漏涂现象。

（7）机械喷涂时，涂料射流应垂直于喷漆面。漆面为平面时，喷嘴与漆面的距离宜为 250 ~ 350mm；漆面为曲面时，喷嘴与漆面的距离宜为 400mm。喷嘴的移动应均匀，速度宜保持在 13 ~ 18m/min。喷漆使用的压缩空气压力宜为 0.3 ~ 0.4MPa。

（8）多道涂层的数量应满足设计要求，不应加厚涂层或减少涂刷次数。

2. 风管及部件绝热

1）工艺流程

清理去污→保温钉固定→绝热材料下料→绝热层施工→防潮层施工→保护层施工→质量检查。

2）操作要点

（1）镀锌钢板风管绝热施工前应进行表面去油、清洁处理；冷轧板金属风管绝热施工前应进行表面除锈、清洁处理，并涂防腐层。

（2）风管绝热层采用保温钉固定时，应符合下列规定：

保温钉与风管、部件及设备表面的连接宜采用粘结，结合应牢固，不应脱落。

固定保温钉的胶粘剂宜为不燃材料，其粘结力应大于 25N/cm^2。

保温钉的长度应满足压紧绝热层固定压片的要求，分布应均匀，其数量应符合规范要求；首行保温钉距绝热材料边缘应小于 120mm。保温钉应呈梅花状布置。

保温钉粘结后应保证相应的固化时间，宜为 12 ~ 24h，然后再铺覆绝热材料。

风管的圆弧转角段或几何形状急剧变化的部位，保温钉的布置应适当加密。

（3）风管绝热材料应按长边加绝热层厚度、短边为净尺寸的方法下料。绝热材料应尽量减少拼接缝，风管的底面不应有纵向拼缝，小块绝热材料可铺覆在风管上平面。

（4）绝热层与风管、部件及设备应紧密贴合，无裂缝、空隙等缺陷，且纵、横向的拼缝应错开。绝热层材料厚度大于 80mm 时，应采用分层施工，同层的拼缝应错开，层间的拼缝应相压，搭接间距不应小于 130mm。

（5）阀门、三通、弯头等部位的绝热层宜采用绝热板材切割预组合后，再进行施工。

（6）风管部件的绝热不应影响其操作功能。调节阀绝热要留出调节转轴或调节手柄的位置，并标明启闭位置，保证操作灵活方便。风管系统上经常拆卸的法兰、阀门、过滤器及监测点等应采用能单独拆卸的绝热结构，其绝热层的厚度不应小于风管绝热层的厚度，与固定绝热层结构之间的连接应紧密。

（7）带有防潮层的绝热材料接缝处，宜用宽度不小于 50mm 的胶带粘贴，不应有胀裂、皱褶和脱落现象。

（8）软接风管宜采用软性的绝热材料，绝热层应留有变形伸缩的余量。

（9）空调风管穿楼板和穿墙处管内的绝热层应连续不间断，且空隙处应用不燃材料进行密封封堵。

（10）胶粘剂应与绝热材料相匹配，并应符合其使用温度要求。

（11）涂刷胶粘剂前应清洁风管与设备表面，采用横、竖两方向的涂刷方法将胶粘剂均匀地涂在风管、部件、设备和绝热材料的表面上。

（12）涂刷完毕，应根据气温条件按产品技术文件的要求静放一定时间后，再进行绝热材料的粘结。

（13）粘结宜一次到位，并加压，粘结应牢固，不应有气泡。

（14）绝热材料使用保温钉固定后，表面应平整。

（15）防潮层与绝热层应结合紧密，封闭良好，不应有虚粘、气泡、皱褶、裂缝等缺陷。

（16）防潮层（包括绝热层的顶部）应完整，且封闭良好。水平管道防潮层施工时，纵向搭接缝应位于管道的侧下方，并顺水；

立管的防潮层施工时，应自下而上施工，环向搭接缝应朝下。

（17）采用卷材防潮材料螺旋形缠绕施工时，卷材的搭接宽度宜为 30 ~ 50mm。

（18）采用玻璃钢防潮层时，与绝热层应结合紧密，封闭良好，不应有虚粘、气泡、皱褶、裂缝等缺陷。

（19）带有防潮层、隔汽层绝热材料的拼缝处，应用胶带密封，胶带的宽度不应小于 50mm。

（20）保护层采用玻璃纤维布缠绕时，端头应采用卡子或用胶粘剂粘牢。立管应自下而上，水平管道应从最低点向最高点进行缠裹。玻璃纤维布缠裹应严密，搭接宽度应均匀，宜为 1/2 宽或 30 ~ 50mm，表面应平整，无松脱、翻边、皱褶或鼓包。

（21）保护层采用玻璃纤维布外刷涂料作防水与密封保护时，施工前应清除表面的尘土、油污，涂层应将玻璃纤维布的网孔堵密。

（22）保护层采用金属材料作为保护壳时，保护壳应平整，紧贴防潮层，不应有脱壳、皱褶、强行接口等现象，保护壳端头应封闭；采用平行搭接时，搭接宽度宜为 30 ~ 40mm；采用凸筋加强搭接时，搭接宽度宜为 20 ~ 25mm；采用自攻螺钉固定时，螺钉间距应匀称，不应刺破防潮层。

（23）保护层立管的金属保护层应自下而上进行施工，环向搭接缝应朝下；水平管道的金属保护壳应从管道低处向高处进行施工，环向搭接缝口应朝向低端，纵向搭接缝应位于管道的侧下方，并顺水。

（24）风管金属保护壳外观应规整，板面宜有凸筋加强，边长大于 800mm 的金属保护壳应采用相应的加固措施。

3. 管道及设备绝热

1）工艺流程

清理去污→涂刷胶粘剂或粘结固定保温钉→绝热层施工→防潮层施工→保护层施工→质量检查。

2）施工操作要点

（1）空调水系统管道与设备绝热施工前应进行表面清洁处理，防腐层损坏的应补涂完整。

（2）涂刷胶粘剂的粘结固定保温钉应符合下列规定：

①应控制胶粘剂的涂刷厚度，涂刷应均匀，不宜多遍涂刷。

②保温钉的长度应满足压紧绝热层固定压片的要求，保温钉与管道和设备的粘结应牢固可靠，其数量应满足绝热层固定要求。在设备上粘结固定保温钉时，分布应均匀，其数量应符合相关规定；首行保温钉距绝热材料边缘应小于 120mm。保温钉应呈梅花状布置。

（3）绝热材料粘结时，固定宜一次完成，并应按胶粘剂的种类，保持相应的稳定时间。

（4）绝热材料厚度大于 80mm 时，应采用分层施工，同层的拼缝应错开，且层间的拼缝应相压，搭接间距不应小于 130mm。

（5）绝热管壳的粘贴应牢固，铺设应平整；每节硬质或半硬质的绝热管壳应用防腐金属丝捆扎或专用胶带粘贴不少于 2 道，其间距宜为 300 ~ 350mm，捆扎或粘贴应紧密，无滑动、松弛与断裂现象。

（6）硬质或半硬质的绝热管壳用于热水管道时拼接缝隙不应大于 5mm，用于冷水管道时不应大于 2mm，并用粘结材料勾缝填满；纵缝应错开，外层的水平接缝应设在侧下方。

（7）松散或软质保温材料应按规定的密度压缩其体积，疏密应均匀；毡类材料在管道上包扎时，搭接处不应有空隙。

（8）管道阀门、过滤器及法兰部位的绝热结构应能单独拆卸，且不影响其操作功能。

（9）补偿器绝热施工时，应分层施工，内层紧贴补偿器，外层需沿补偿方向预留相应的补偿距离。

（10）空调冷热水管道穿楼板或穿墙处的绝热层应连续不间断。

（11）防潮层与绝热层应结合紧密，封闭良好，不应有虚粘、气泡、皱褶、裂缝等缺陷。

（12）防潮层（包括绝热层的顶部）应完整，且封闭良好。水平管道防潮层施工时，纵向搭接缝应位于管道的侧下方，并顺水；立管的防潮层施工时，应自下而上施工，环向搭接缝应朝下。

（13）采用卷材防潮材料螺旋形缠绕施工时，卷材的搭接宽度宜为 30 ~ 50mm。

（14）采用玻璃钢防潮层时，与绝热层应结合紧密，封闭良好，不应有虚粘、气泡、皱褶、裂缝等缺陷。

（15）带有防潮层、隔汽层绝热材料的拼缝处，应用胶带密封，胶带的宽度不应小于 50mm。

（16）保护层采用玻璃纤维布缠绕时，端头应采用卡子或用胶粘剂粘牢。立管应自下而上，水平管道应从最低点向最高点进行缠裹。玻璃纤维布缠裹应严密，搭接宽度应均匀，宜为 1/2 布宽或 30 ~ 50mm，表面应平整，无松脱、翻边、皱褶或鼓包。

（17）保护层采用玻璃纤维布外刷涂料作防水与密封保护时，施工前应清除表面的尘土、油污，涂层应将玻璃纤维布的网孔堵密。

（18）保护层采用金属材料作为保护壳时，保护壳应平整，紧贴防潮层，不应有脱壳、皱褶、强行接口等现象，保护壳端头应封闭；

采用平行搭接时，搭接宽度宜为 30 ~ 40mm；采用凸筋加强搭接时，搭接宽度宜为 20 ~ 25mm；采用自攻螺钉固定时，螺钉间距应匀称，不应刺破防潮层。

（19）保护层立管的金属保护层应自下而上进行施工，环向搭接缝应朝下；水平管道的金属保护壳应从管道低处向高处进行施工，环向搭接缝口应朝向低端，纵向搭接缝应位于管道的侧下方，并顺水。

8.4.3 质量标准

1. 主控项目

（1）风管和管道防腐涂料的品种及涂层层数应符合设计要求，涂料的底漆和面漆应配套。

（2）风管和管道的绝热层、绝热防潮层和保护层，应采用不燃或难燃材料，材质、密度、规格与厚度应符合设计要求。

（3）风管和管道的绝热材料进场时，应按现行国家标准《建筑节能工程施工质量验收标准》GB 50411 的规定进行验收。

（4）洁净室（区）内的风管和管道的绝热层，不应采用易产尘的玻璃纤维和短纤维矿棉等材料。

2. 一般项目

1）防腐涂料的涂层应均匀，不应有堆积、漏涂、皱纹、气泡、掺杂及混色等缺陷。

2）设备、部件、阀门的绝热和防腐涂层，不得遮盖铭牌标志和影响部件、阀门的操作功能；经常操作的部位应采用能单独拆卸的绝热结构。

3）绝热层应满铺，表面应平整，不应有裂缝、空隙等缺陷。

当采用卷材或板材时，允许偏差应为 5mm；当采用涂抹或其他方式时，允许偏差应为 10mm。

4）橡塑绝热材料的施工应符合下列规定：

（1）粘结材料应与橡塑材料相适用，无溶蚀被粘结材料的现象。

（2）绝热层的纵、横向接缝应错开，缝间不应有孔隙，与管道表面应贴合紧密，不应有气泡。

（3）矩形风管绝热层的纵向接缝宜处于管道上部。

（4）多重绝热层施工时，层间的拼接缝应错开。

5）风管绝热材料采用保温钉固定时，应符合下列规定：

（1）保温钉与风管、部件及设备表面的连接，应采用粘结或焊接，结合应牢固，不应脱落；不得采用抽芯铆钉或自攻螺钉等破坏风管严密性的固定方法。

（2）矩形风管及设备表面的保温钉应均布，风管保温钉数量应符合下表规定。首行保温钉距绝热材料边沿的距离应小于 120mm，保温钉的固定压片应松紧适度、均匀压紧。

隔热层材料	风管地面	侧面	顶面
铝箔岩棉保温板（个 /m^2）	≥ 20	≥ 16	≥ 10
铝箔玻璃棉保温板（毡）（个 /m^2）	≥ 16	≥ 10	≥ 8

（3）绝热材料纵向接缝不宜设在风管底面。

6）管道采用玻璃棉或岩棉管壳保温时，管壳规格与管道外径应相匹配，管壳的纵向接缝应错开，管壳应采用金属丝、粘结带等捆扎，间距应为 300 ~ 350mm，且每节至少应捆扎两道。

7）风管及管道的绝热防潮层（包括绝热层的端部）应完整，并应封闭良好。立管的防潮层环向搭接缝口应顺水流方向设置；

水平管的纵向缝应位于管道的侧面，并应顺水流方向设置；带有防潮层绝热材料的拼接缝应采用胶带封严，缝两侧胶带粘结的宽度不应小于 20mm。胶带应牢固地粘贴在防潮层面上，不得有胀裂和脱落。

8）绝热涂抹材料作绝热层时，应分层涂抹，厚度应均匀，不得有气泡和漏涂等缺陷，表面固化层应光滑、牢固，不应有缝隙。

9）金属保护壳的施工应符合下列规定：

（1）金属保护壳板材的连接应牢固、严密，外表应整齐、平整。

（2）圆形保护壳应贴紧绝热层，不得有脱壳、皱褶、强行接口等现象。接口搭接应顺水流方向设置，并应有凸筋加强，搭接尺寸应为 20 ~ 25mm。采用自攻螺钉紧固时，螺钉间距应匀称，且不得刺破防潮层。

（3）矩形保护壳表面应平整，棱角应规则，引弧应均匀，底部与顶部不得有明显的凸肚及凹陷。

（4）户外金属保护壳的纵、横向接缝应顺水流方向设置，纵向接缝应设在侧面。保护壳与外墙面或屋顶的交接处应设泛水，且不应渗漏。

10）管道或管道绝热层的外表面，应按设计要求进行色标。

8.4.4 成品保护措施

（1）在漆膜干燥之前，应防止灰尘、杂物污染漆膜。应采取措施对涂漆后的构件进行保护，防止漆膜破坏。

（2）保温材料应放在干燥处妥善保管，露天堆放应有防潮、防雨、防雪措施，防止挤压损伤变形，并与地面架空。

（3）施工时要严格遵循先上后下、先里后外的施工原则，以确保施工完的保温层不被损坏。

（4）操作人员在施工中不得脚踏挤压或将工具放在已施工好的绝热层上。

（5）拆移脚手架时不得破坏保温层，由于脚手架或其他因素影响，当其他工种交叉作业时要注意共同保护好成品，已装好门窗的场所下班后应关窗锁门。

（6）地沟及管井内管道及设备的绝热必须在其清理后，不再有下道工序损坏绝热层的前提下，方可进行绝热施工。

（7）明装管道的绝热，土建若喷浆在后，应有防止污染绝热层的措施。

（8）如有特殊情况拆下绝热层进行管道处理或其他工种在施工过程中损坏保温层时，应及时按原则进行修复。

8.4.5 安全、环保措施

（1）二甲苯、汽油、松香水等稀释剂应缓慢倒入胶粘剂内并及时搅拌。

（2）高空防腐时，须将油漆桶缚在牢固的物体上。沥青桶不要装得太满，应检查装沥青的桶和勺子放置是否安全。涂刷时，下面要用木板遮盖，不得污染其他管道、设备或地面。

（3）高空作业，须遵守架设脚手架、脚手台和单扇或双扇爬梯的安全技术要求，防止坠落伤人。

（4）绝热施工人员须戴风镜、薄膜手套，施工时如人耳沾染各类材料纤维时，可采取洗热水澡等措施。

（5）地下设备、管道绝热施工前，应先进行检查，确认无瓦斯、毒气、易燃易爆物或酸毒等危险品，方可操作。

（6）采用手工或机械喷涂油漆时，应采取防污染扩散和防油漆遗洒的措施，作业场所不得有明火。作业人员应正确佩戴劳动防护用品。油漆及化学品应存放在专用仓库内，并配备足够的消防器材。

（7）防腐与绝热施工期间操作人员应加强自身防护，防止受伤、中毒和产生职业病。

9

变压器安装施工工艺

9.1 施工工艺流程

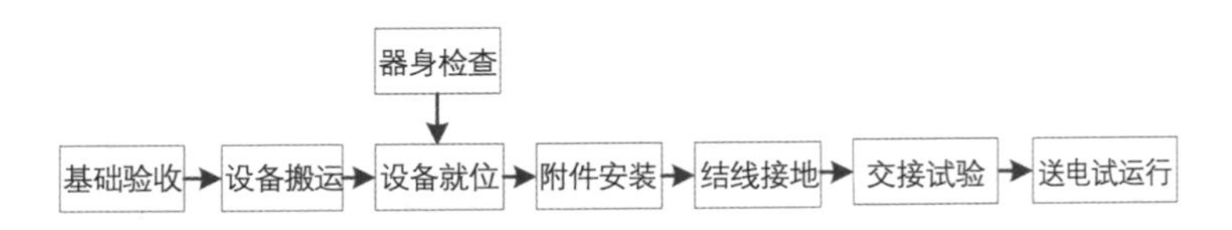

9.2 施工工艺标准图

序号	施工步骤	材料、机具准备	工艺要点	效果展示
1	基础验收	变压器、型钢、紧固件、蛇皮管、耐油塑料管、变压器油	设备就位前对设备基础进行全面检查，坐标、标高及尺寸应符合设计要求；基础表面应无蜂窝、裂纹、麻面、露筋；基础应水平	
2	设备搬运		搬运时，用木箱或纸箱将高低压绝缘瓷瓶罩住进行保护，使其不受损伤；利用机械牵引时，牵引的着力点应在变压器重心以下，以防倾斜。运输倾斜角不得超过15°，防止内部结构变形；搬运或装卸前核对高低压侧方向，避免安装时调换方向困难	
3	器身检查		所有螺栓应紧固，有防松措施；绝缘螺栓无损坏，防松绑扎完好；铁芯应无变形，铁轮与夹件间的绝缘垫应良好，铁芯应无多点接地；各绕组排列整齐，间隙均匀，油路无堵塞；绝缘层完整，无缺损、变位；引出线绝缘	

续表

序号	施工步骤	材料、机具准备	工艺要点	效果展示
3	器身检查	变压器、型钢、紧固件、蛇皮管、耐油塑料管、变压器油	包扎紧固，无破损、折弯；引出线绝缘距离合格，固定牢靠；引出线的裸露部分无毛刺或尖角，且焊接应良好；引出线与套管的连接应牢靠，接线正确	
4	设备就位		用汽车式起重机或叉车直接进行就位，场地条件不具备时，宜用道木搭设临时轨道，用吊链拉入安装位置；就位时，应注意其方位和距墙尺寸应与设计要求相符，允许误差为 ±25mm；除与母线槽采用软连接外，变压器的套管中心线应与母线槽中心线一致	
5	附件安装		在厂家指导下完成有载调压切换装置、冷却装置、储油柜、升高座、套管、气体继电器、测温装置、控制箱等附件安装，并用耐油密封垫（圈）对设备所有法兰连接处进行密封处理	
6	结线接地		油浸变压器附件的控制导线，应采用具有耐油性能的绝缘导线。靠近箱壁的绝缘导线，排列应整齐，并有保护措施；接线盒密封应良好；变压器一、二次引线不应使变压器的套管直接承受应力；变压器的低压侧中性点必须直接与接地装置引出的	

续表

序号	施工步骤	材料、机具准备	工艺要点	效果展示
6	结线接地	变压器、型钢、紧固件、蛇皮管、耐油塑料管、变压器油	接地干线进行连接，变压器箱体、干式变压器的支架或外壳应进行接地，且有标识，所有连接必须可靠，紧固件及防松零件齐全；变压器中性点的接地回路中，靠近变压器处，宜做一个可拆卸的连接点	
7	交接试验		变压器的交接试验应由当地供电部门许可的有资质的试验室进行	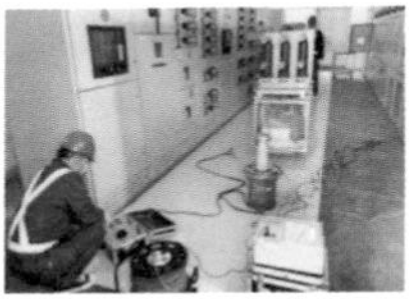
8	送电试运行		变压器第一次投入时，可全压冲击合闸，冲击合闸宜由高压侧投入；变压器应进行5次空载全压冲击合闸，无异常情况；第一次受电后，持续时间不应少于10min；励磁涌流不应引起保护装置的误动作；试运行时要注意冲击电流，空载电流，一、二次电压，温度，做好试运行记录；变压器空载运行24h，无异常情况，方可投入负荷运行	 

9.3 控制措施

序号	预控项目	产生原因	预控措施
1	零部件损坏	搬运、吊装过程中保护不到位	编制专项吊装方案并在作业前进行交底；吊装过程中，着力点应在变压器重心以下，以防倾斜；搬运时，用木箱或纸箱将高低压绝缘瓷瓶等易损零部件罩住进行保护，使其不受损伤
2	线缆排列不整齐、不美观	质量意识薄弱，监督不到位	增强质量意识，作业时全程旁站，要求作业人员对线缆按规范要求卡设，做到横平竖直，整齐美观
3	变压器中性点，零线及中性点接地线未分开敷设	不熟悉规范、标准	认真学习规范、标准及安装图册，在厂家技术人员指导下施工
4	渗油	密封不到位	附件安装时，垫好密封圈，拧紧螺栓

9.4 技术交底

9.4.1 施工准备

1. 材料准备

变压器、型钢、紧固件、蛇皮管、耐油塑料管、变压器油等。

2. 主要机具

（1）搬运吊装机具设备：汽车式起重机、液压车、叉车、汽车、卷扬机、千斤顶、捯链、道木、钢丝绳、钢丝绳轧头、钢丝绳套环、麻绳、滚杠。

（2）安装机具设备：台钻、砂轮机、电焊机、气焊工具、电锤、冲击电钻、扳手、液压升降梯。

（3）测试仪器：钢卷尺、钢板尺、水平仪、塞尺、磁力线坠、摇表、玻璃温度计、钳形电流表、万用表、电桥及试验仪器。

3. 作业条件

变压器安装前，室内顶棚、墙体的装饰面应完成施工，无渗漏水，地面的找平层应完成施工，基础应验收合格，埋入基础的导管和变压器进线、出线预留孔及相关预埋件等经检查应合格。

9.4.2 操作工艺

1. 工艺流程

基础验收→设备搬运→设备就位（器身检查）→附件安装→结线接地→交接试验→试运行。

2. 操作要点

（1）设备就位前对设备基础进行全面检查，坐标、标高及尺寸应符合设计要求；基础表面应无蜂窝、裂纹、麻面、露筋；基础应水平。

（2）设备吊装时着力点应在变压器重心以下，以防倾斜。运输倾斜角不得超过 15°，防止内部结构变形；搬运或装卸前核对高低压侧方向，避免安装时调换方向困难；搬运过程中对易损零部件用木箱或纸箱进行保护。

（3）用汽车式起重机或叉车直接进行就位，场地条件不具备时，宜用道木搭设临时轨道，用捯链拉入安装位置；设备就位前应检查设备是否存在零部件损坏变形、线缆破皮、螺栓松动、油路堵塞等情况。

（4）在厂家指导下完成有载调压切换装置、冷却装置、储油柜、升高座、套管、气体继电器、测温装置、控制箱等附件安装，并用耐油密封垫（圈）对设备所有法兰连接处进行密封处理。

（5）油浸变压器附件的控制导线，应采用具有耐油性能的绝缘导线。靠近箱壁的绝缘导线，排列应整齐，并有保护措施；接线盒密封应良好；变压器一、二次引线不应使变压器的套管直接承受应力；变压器的低压侧中性点必须直接与接地装置引出的接地干线进行连接；变压器箱体、干式变压器的支架或外壳应进行接地，且有标识，所有连接必须可靠，紧固件及防松零件齐全；变压器中性点的接地回路中，靠近变压器处，宜做一个可拆卸的连接点。

（6）由当地供电部门许可的有资质的试验室进行交接试验。

（7）变压器空载运行24h，无异常情况，方可投入负荷运行。

9.4.3 质量标准

1. 主控项目

（1）变压器安装应位置正确，附件齐全，油浸变压器油位正常，无渗油现象。

（2）变压器中性点的接地连接方式及接地电阻值应符合设计要求。

（3）变压器箱体、干式变压器的支架、基础型钢及外壳应分别单独与保护导体可靠连接，紧固件及防松零件齐全。

（4）变压器应按规定完成交接试验且合格。

2. 一般项目

（1）有载调压开关的传动部分润滑应良好，动作应灵活，点动给定位置与开关实际位置应一致，自动调节应符合产品的技术文件要求。

（2）绝缘件应无裂纹、缺损和瓷件瓷釉损坏等缺陷，外表应清洁，测温仪表指示准确。

（3）装有滚轮的变压器就位后，应将滚轮用能拆卸的制动部件固定。

（4）变压器应按产品技术文件要求进行器身检查，当满足下列条件之一时，可不检查器身：制造厂规定不检查器身；就地生产仅作短途运输的变压器，且在运输过程中有效监督，无紧急制动、剧烈振动、冲撞或严重颠簸等异常情况。

9.4.4 成品保护措施

（1）变压器室门应加锁，未经安装单位许可，无关人员不得入内。

（2）变压器就位后，其高低压瓷套管及环氧树脂铸件，应有防砸及防碰撞措施。

（3）变压器器身应保持清洁干净，保护好油漆面不被碰撞和损伤；干式变压器就位后，应采取保护措施，防止铁件掉入线圈内。

（4）在变压器上方作业时，操作人员不得蹬踩变压器，随身佩工具袋，以避免工具掉下损伤变压器。在变压器上方进行电气焊作业时，应对变压器进行全方位保护，防止焊渣掉下，损伤设备。

（5）未经允许不得拆卸设备部件，不得损坏设备零件和仪表。

9.4.5 安全、环保措施

（1）变压器芯部绝缘物、绝缘油和滤油纸均系可燃或易燃物，进行干燥作业和过滤绝缘油，使用各种加热装置时，应备好消防器材，谨慎作业，避免失火。

（2）变压器施工时的废弃物做到工完场清，分类管理，统一回收，定点存放清运。

（3）废变压器油不得随意丢弃，派专人进行回收，以免造成土地和水体污染。

（4）搬运变压器时，在场内限制车速，在运输、装卸过程中注意不要产生扬尘。

10

⑩

成套盘柜安装施工工艺

10.1 施工工艺流程

10.2 施工工艺标准图

序号	施工步骤	材料、机具准备	工艺要点	效果展示
1	基础测量定位		按施工图纸定的坐标方位、尺寸进行测量放线，确定型钢基础安装的边界和中心线	
2	基础型钢安装	成套配电柜、型钢、镀锌螺栓、螺母、地脚螺栓、防锈漆、调合漆、绝缘胶垫等	（1）按图选用型钢并除锈、下料、防腐。 （2）将预制好的基础型钢架放在已确定的位置上，用激光标线仪和水平尺找平、找正并固定，允许水平度和不直度偏差每米均不应超过 1mm，全长均不应超过 5mm；基础型钢安装后，顶部应高出完成面 10mm。 （3）基础型钢的接地应可靠、明显，在型钢结构架的两端与引进室内的接地扁钢焊牢，焊接面为扁钢宽度的两倍，三面满焊。焊接处除去焊渣，做好防腐，再将型钢基础涂刷两道面漆	

序号	施工步骤	材料、机具准备	工艺要点	效果展示
3	成套盘柜安装	成套配电柜、型钢、镀锌螺栓、螺母、地脚螺栓、防锈漆、调合漆、绝缘胶垫等	（1）在距柜顶和柜底各200mm处，拉两根基准线；将盘柜按图纸顺序比照基准就位，先精确调整一个盘柜，再逐个调整其他盘柜。 （2）调整至盘面一致，排列整齐，水平误差不大于1‰，全长不大于5mm，垂直误差不大于1.5‰，盘与盘之间缝隙最大不超过2mm。 （3）在基础型钢上调整盘柜时，动作应协调一致，防止挤伤手脚，采用0.5mm钢制垫片进行调整，每组垫片不超过三片。 （4）盘、柜的漆层应完整，无损伤，固定电器的支架应刷漆，刷漆时防止油漆遗洒污染地面。安装于同一室内且经常监视的盘、柜，其盘面颜色宜和谐一致	 
4	交接试验调整		（1）低压成套配电柜、箱及控制柜（台、箱）间线路的线间和线对地间绝缘电阻值，馈电线路不应小于0.5MΩ，二次回路不应小于1MΩ；二次回路的耐压试验电压应为1000V，当回路绝缘电阻值大于10MΩ时，应采用2500V兆欧表代替，试验持续时间应为1min。 （2）1kV及以下配电装置及馈电线路的绝缘电阻值不应小于0.5MΩ；测量馈电线路绝缘电阻时，应将断路器、用电设备、电器和仪表等断开	 

续表

序号	施工步骤	材料、机具准备	工艺要点	效果展示
5	送电试运行	成套配电柜、型钢、镀锌螺栓、螺母、地脚螺栓、防锈漆、调合漆、绝缘胶垫等	（1）二次回路联动模拟试验正确，器具、设备试调合格并有试验报告，可送电试运行。 （2）将进线主开关和其他开关置于分闸位，由供电部门将电源送进配电室内，用验电器验电，检查主开关上口，保证电源正常。 （3）恢复开关柜上的二次线保险，将主开关合闸，将电源送到配电室主母排，检查配电柜上电压表三相电压是否正常，然后依次送各路分开关。 （4）送电空载运行24h后，带负荷运行48h。查电流表各相电流值，三相电流是否平衡。大容量（630A以上）导线、母线连接处或与开关设备连接处，用红外线测温计测试线路及各接触点的发热情况，并做好电气线路结点测温记录	 

10.3 控制措施

序号	预控项目	产生原因	预控措施
1	型钢基础安装质量不符合要求	型钢、槽钢未调直，开孔使用气焊切割	（1）作业前向全体施工人员作分项工程交底，对技术要求、质量标准和操作工艺作详细说明。 （2）基础制作成型前先将型钢调直。 （3）型钢提前使用台钻取孔

续表

序号	预控项目	产生原因	预控措施
2	配电柜垂直度、水平度及柜间间隙过大	地面完成面偏差导致型钢基础不平；配电柜在型钢基础上安装时未调平	（1）安装基础槽钢时在下方加入适当垫片，保证槽钢基础水平度。 （2）安装配电柜时调整至盘面一致，排列整齐，水平误差不大于1‰，全长不大于5mm，垂直误差不大于1.5‰，盘与盘之间缝隙最大不超过2mm
3	基础型钢未可靠接地	型钢基础未与接地网连通；接地扁铁焊接质量不满足规范要求	基础型钢的接地应可靠、明显，在型钢基础的两端与引进室内的接地扁钢焊牢，焊接面为扁钢宽度的两倍，三面满焊

10.4 技术交底

10.4.1 施工准备

1. 材料准备

成套配电柜、型钢、镀锌螺栓、螺母、地脚螺栓、防锈漆、调合漆、绝缘胶垫等。

2. 主要机具

（1）安装机具：冲击电钻、电工用梯、圆头锤、电工刀、钢手锯、扳手、钢丝钳、手电钻、电焊机、整形锉、钳工锉、套筒扳手、力矩扳手。

（2）测量工具：绝缘电阻测试仪、万用表、验电器、钢卷尺、钳形电流表、塞尺、磁力线坠、激光标线仪、水平尺。

3. 作业条件

成套配电柜安装前，室内顶棚、墙体的装饰工程应完成施工，无渗漏水，室内地面的找平层应完成施工，基础型钢和电缆沟等经检查应合格，落地式柜、台、箱的基础及埋入基础的导管验收合格。

10.4.2 操作工艺

1. 工艺流程

基础测量定位→基础型钢安装→成套盘柜安装→交接试验调整→送电运行。

2. 操作要点

（1）按施工图纸定的坐标方位、尺寸进行测量放线，确定型钢基础安装的边界和中心线。

（2）按图选用型钢并除锈、下料、防腐；将预加工好的型钢基础通过激光标线仪和水平尺找平、找正并固定，允许水平度和不直度偏差每米均不应超过 1mm，全长均不应超过 5mm； 基础型钢安装后，顶部应高出完成面 10mm。

（3）在距柜顶和柜底各 200mm 处拉两根基准线；将盘柜按图纸顺序比照基准就位，先精确调整一个盘柜，再逐个调整其他盘柜；调整至盘面一致，排列整齐，水平误差不大于 1‰，全长不大于 5mm，垂直误差不大于 1.5‰，盘与盘之间缝隙最大不超过 2mm。

（4）低压成套配电柜、箱及控制柜（台、箱）间线路的线间和线对地间绝缘电阻值，馈电线路不应小于 0.5MΩ，二次回路不应小于 1MΩ；二次回路的耐压试验电压应为 1000V，当回路绝缘电阻值大于 10MΩ 时，应采用 2500V 兆欧表代替，试验持续时间应为 1min。

（5）二次回路联动模拟试验正确，器具、设备试调合格并有试验报告，方可送电试运行；送电空载运行 24h 后，带负荷运行

48h。查电流表各相电流值，三相电流是否平衡。大容量（630A 以上）导线、母线连接处或与开关设备连接处，用红外线测温计测试线路及各接触点的发热情况，并做好电气线路结点测温记录。

10.4.3 质量标准

1. 主控项目

（1）柜、台、箱的金属框架及基础型钢应与保护导体可靠连接；对于装有电器的可开启门，门和金属框架的接地端子间应选用截面积不小于 4cm^2 的黄绿色绝缘铜芯软导线连接，并应有标识。

（2）柜、台、箱、盘等配电装置应有可靠的防电击保护；装置内保护接地导体（PE）排应有裸露的连接外部保护接地导体的端子，并应可靠连接。

（3）手车、抽屉式成套配电柜推拉应灵活，无卡阻、碰撞现象。动触头与静触头的中心线应一致，且触头接触应紧密，投入时，接地触头应先于主触头接触；退出时，接地触头应后于主触头脱开。

（4）高压成套配电柜应按《建筑电气工程施工质量验收规范》GB 50303—2015 第 3.1.5 条的规定进行交接试验，并应合格，且应符合下列规定：继电保护元器件、逻辑元件、变送器和控制用计算机等单体校验应合格，整组试验动作应正确，整定参数应符合设计要求；新型高压电气设备和继电保护装置投入使用前，应按产品技术文件要求进行交接试验。

（5）直流柜试验时，应将屏内电子器件从线路上退出，主回路线间和线对地间绝缘电阻值不应小于 0.5MΩ，直流屏所附蓄电池组的充、放电应符合产品技术文件要求；整流器的控制调整和输出特性试验应符合产品技术文件要求。

2. 一般项目

（1）基础型钢安装允许偏差应符合下表规定。

项目	允许偏差（mm）	
	每米	全长
不直度	1	5
水平度	1	5
不平行度	—	5

（2）柜、台、箱、盘的布置及安全间距应符合设计要求。

（3）柜、台、箱相互间或与基础型钢间应用镀锌螺栓连接，且防松零件应齐全；当设计有防火要求时，柜、台、箱的进出口应作防火封堵，并应封堵严密。

（4）柜、台、箱、盘应安装牢固，且不应设置在水管的正下方。柜、台、箱、盘安装垂直度允许偏差不应大于 1.5‰，相互间接缝不应大于 2mm，成列盘面偏差不应大于 5mm。

（5）柜、台、箱、盘内检查试验应符合下列规定：控制开关及保护装置的规格、型号应符合设计要求；闭锁装置动作应准确、可靠；主开关的辅助开关切换动作应与主开关动作一致；柜、台、箱、盘上的标识器件应标明被控设备编号及名称或操作位置，接线端子应有编号，且清晰、工整、不易脱色；回路中的电子元件不应参加交流工频耐压试验，50V 及以下回路可不作交流工频耐压试验。

（6）柜、台、箱、盘间配线应符合下列规定：二次回路接线应符合设计要求，除电子元件回路或类似回路外，回路的绝缘导线额定电压不应低于 450/750V；对于铜芯绝缘导线或电缆的导体截面积，电流回路不应小于 $2.5mm^2$，其他回路不应小于 $1.5mm^2$；二次回路连线应成束绑扎，不同电压等级、交流、直流线路及计算机控制线路应分别绑扎，且应有标识；固定后不应妨碍手车开关或抽出式部件的拉出或推入；线缆的弯曲半径不应小于线缆允许弯曲半径；导线连接不应损伤线芯。

（7）柜、台、箱、盘面板上的电器连接导线应符合下列规定：连接导线应采用多芯铜芯绝缘软导线，敷设长度应留有适当裕量；线束宜有外套塑料管等加强绝缘保护层；与电器连接时，端部应绞紧、不松散、不断股，其端部可采用不开口的终端端子或搪锡；可转动部位的两端应采用卡子固定。

10.4.4 成品保护措施

（1）钻孔前应遮盖墙壁和地面，预防墙面和地面的污染。

（2）补刷油漆时，不得污染设备和建筑物。

（3）潮湿场所安装配电柜时，箱内放置干燥剂，防止元器件受潮，造成接触不良。

11

⑪

母线槽安装施工工艺

11.1 施工工艺流程

11.2 施工工艺标准图

序号	施工步骤	材料、机具准备	工艺要点	效果展示
1	测量定位	母线槽、金属紧固件及卡件、弹簧支撑器、型钢、螺栓、绝缘材料、防腐涂料、油性涂料、焊条等	利用激光标线仪放线测量出各段母线的位置、支架尺寸，并标示出支架的布置位置	
2	支架制作		支架应采用切割机下料，加工尺寸最大误差为 5mm 时应采用台钻开孔，孔径不得超过螺栓直径 2mm，严禁采用气割开孔；支架及吊架制作完毕，应除去焊渣，并刷防锈漆和面漆	
3	支架安装		水平或垂直敷设的母线槽固定点应每段设置一个，且每层不得少于一个支架，其间距应符合产品技术文件的要求，距拐弯 0.4 ~ 0.6m 处应设置支架，固定点位置不应设置在母线槽的连接处或分接单元处；垂直穿越楼板处应设置与建（构）筑物固定的专用部件支座；母线水平支架用膨胀螺栓固定在顶板上或墙板上，膨胀螺栓固定支架不少于两个；一个吊架	

续表

序号	施工步骤	材料、机具准备	工艺要点	效果展示
3	支架安装	母线槽、金属紧固件及卡件、弹簧支撑器、型钢、螺栓、绝缘材料、防腐涂料、油性涂料、焊条等	应用两根吊杆，固定牢固，螺扣外露 2 ~ 4 扣，膨胀螺栓应加平垫和弹簧垫，吊架应用双螺母夹紧，支架与楼板连接处应采用槽钢进行过渡	
4	母线槽安装		（1）母线槽安装应按母线排列图，从起始端（或电气竖井入口处）开始向上、向前安装，并在安装前逐节摇测母线的绝缘电阻，电阻值大于 20MΩ。母线槽跨越建筑物变形缝处时，应设置补偿装置；母线槽直线敷设长度超过 80m 时，每 50 ~ 60m 宜设置伸缩节。 （2）母线连接：两相邻段母线及外壳对准，母线与外壳同心，连接后不使母线及外壳受额外应力。连接时将母线的小头插入另一节母线的大头中去，在母线间及母线外侧垫上配套的绝缘板，再穿上绝缘螺栓加平垫片、弹簧垫圈，然后拧上螺母，用力矩扳手紧固，达到规定力矩即可，最后固定好上下盖板	
5	系统测试		（1）母线在连接过程中可按楼层数或母线段数，每连接到一定长度便测试一次，并做好记录，随时控制接头处的绝缘情况，分段测试一直持续到母线安装完后的系统测试。	

续表

序号	施工步骤	材料、机具准备	工艺要点	效果展示
5	系统测试		（2）在母线槽连接完成后，应全面进行检查，检查完成后对母线进行整体的绝缘电阻测试和交流工频耐压试验，试验合格后才能通电	

11.3 控制措施

序号	预控项目	产生原因	预控措施
1	母线槽穿墙未作防火封堵	收尾工作不细致	母线槽穿越防火墙、防火楼板时，应采取防火隔离措施
2	母线穿楼板未设防振弹簧支架	母线安装交底不明确	垂直母线穿越楼板时应安装配套的防震弹簧支架
3	母线外观质量差	材料进场时未严格检查验收；材料贮存时成品保护不到位	母线进场时对其外观进行仔细检查，确保各段编号应标志清晰，附件齐全、无缺损，外壳应无明显变形，母线螺栓搭接面应平整，镀层覆盖应完整，无起皮、麻面；母线进场后应保存在干燥的地方，防潮密封良好
4	支架定位不正确，布置间距过长	未使用激光标线仪定位；未按规范要求布置支架	（1）支吊架安装前利用激光标线仪进行定位，确保成排支吊架横平竖直。（2）水平或垂直敷设的母线槽固定点每段设置一个，且每层不得少于一个支架，拐弯处 0.4 ~ 0.6m 处应设置支架；固定点位置不应设置在母线槽的连接处或分接单元处

续表

序号	预控项目	产生原因	预控措施
5	母线连接不紧密	连接时母线与外壳不同心；连接母线的螺栓尺寸有误	母线连接时两相邻段母线及外壳对准，母线与外壳同心，连接后不使母线及外壳受额外应力；母线连接处必须采用绝缘螺栓连接，外壳与底座间、外壳各连接部位和母线的连接螺栓应按产品技术文件要求选择正确，连接紧固
6	母线水平度、垂直度偏差过大	母线安装时未使用激光标线仪辅助定位	母线槽安装时通过激光标线仪定位，母线槽直线段安装应平直，水平度与垂直度偏差不宜大于1.5‰，全长最大偏差不宜大于20mm；照明用母线槽水平偏差全长不应大于5mm，垂直偏差不应大于10mm

11.4 技术交底

11.4.1 施工准备

1. 材料准备

母线槽、金属紧固件及卡件、弹簧支撑器、型钢、螺栓、绝缘材料、防腐涂料、油性涂料、焊条等。

2. 主要机具

安装机具设备：切割机、电焊机、台钻、手电钻、电锤、冲击电钻、液压升降梯、钢锯、砂轮、钢丝刷、木槌、力矩扳手等。

测试工具：皮尺、钢卷尺、钢板尺、钢角尺、水平仪、激光标线仪、磁力线坠、绝缘电阻测试仪、万用表等。

3. 作业条件

母线安装前，变压器、高低压成套配电柜、穿墙套管等安装就位，并检查合格；室内底层地面施工完成或已确定地面标高，场地清理完成；母线槽安装位置的管道、空调及建筑装修工程基本结束，确保扫尾施工不会影响已安装的母线槽。

11.4.2 操作工艺

1. 工艺流程

测量定位→支架制作→支架安装→母线槽安装→系统测试。

2. 操作要点

（1）利用激光标线仪放线测量出各段母线的位置、支架尺寸，并标示出支架的布置位置。

（2）支架应采用切割机下料，加工尺寸最大误差为 5mm 时应采用台钻开孔，孔径不得超过螺栓直径 2mm，严禁采用气割开孔；支架及吊架制作完毕，应除去焊渣，并刷防锈漆和面漆。

（3）水平或垂直敷设的母线槽固定点应每段设置一个，且每层不得少于一个支架，其间距应符合产品技术文件的要求；距拐弯 0.4 ~ 0. 6m 处应设置支架，固定点位置不应设置在母线槽的连接处或分接单元处；垂直穿越楼板处应设置与建（构）筑物固定的专用部件支座。

（4）母线槽安装应按母线排列图，从起始端（或电气竖井入口处）开始向上、向前安装，并在安装前逐节摇测母线的绝缘电阻，电阻值大于 20MΩ。母线槽跨越建筑物变形缝处时，应设置补偿装置；母线槽直线敷设长度超过 80m 时，每 50 ~ 60m 宜设置伸缩节。母线连接时两相邻段母线及外壳对准，母线与外壳同心，连接后不使母线及外壳受额外应力。连接时将母线的小头插入另一节母线的大头中去，在母线间及母线外侧垫上配套的绝缘板，再穿上绝缘螺栓加平垫片、弹簧垫圈，然后拧上螺母，用力矩扳手紧固，达到规定力矩即可，最后固定好上下盖板。

（5）母线在连接过程中可按楼层数或母线段数，每连接到一定长度便测试一次，并做好记录，随时控制接头处的绝缘情况，分段测试一直持续到母线安装完后的系统测试；在母线槽连接完成后，应全面进行检查，检查完成后对母线进行整体的绝缘电阻测试和交流工频耐压试验，试验合格后才能通电。

11.4.3 质量标准

1. 主控项目

（1）母线槽的金属外壳等外露可导电部分应与保护导体可靠连接，每段母线槽的金属外壳间应连接可靠，且母线槽全长与保护导体可靠连接不应少于2处；分支母线槽的金属外壳末端应与保护导体可靠连接；连接导体的材质、截面积应符合设计要求。

（2）当设计将母线槽的金属外壳作为保护接地导体（PE）时，其外壳导体应具有连续性。

（3）当母线与母线、母线与电器或设备接线端子采用螺栓搭接连接时，应符合下列规定：母线的各类搭接连接的钻孔直径和搭接长度应符合《建筑电气工程施工质量验收规范》GB 50303—2015附录D的规定，连接螺栓的力矩值应符合该规范附录E的规定；当一个连接处需要多个螺栓连接时，每个螺栓的拧紧力矩值应一致；母线接触面应保持清洁，宜涂抗氧化剂，螺栓孔周边应无毛刺；连接螺栓两侧应有平垫圈，相邻垫圈间应有大于3mm间隙，螺母侧应装有弹簧垫圈或锁紧螺母；螺栓受力应均匀，不应使电器或设备的接线端子受额外应力。

（4）母线槽不宜安装在水管正下方；母线应与外壳同心，允许偏差应为 ±5mm；当母线槽段与段连接时，两相邻段母线及外壳宜对准，相序应正确，连接后不应使母线及外壳受额外应力；母线的连接方法应符合产品技术文件要求；母线槽连接用部件的防护等级应与母线槽本体的防护等级一致。

（5）母线槽通电运行前应进行检验或试验，并应符合下列规定：高压母线交流工频耐压试验应按《建筑电气工程施工质量验收规范》GB 50303—2015 第 3.1.5 条的规定交接试验合格；低压母线绝缘电阻值不应小于 0.5MΩ；检查分接单元插入时，接地触头应先于相线触头接触，且触头连接紧密，退出时，接地触头应后于相线触头脱开；检查母线槽与配电柜、电气设备的接线相序应一致。

2. 一般项目

（1）母线槽支架安装应符合下列规定：除设计要求外，承力建筑钢结构构件上不得熔焊连接母线槽支架，且不得热加工开孔；与预埋铁件采用焊接固定时，焊缝应饱满；采用膨胀螺栓固定时，选用的螺栓应适配，连接应牢固；支架应安装牢固、无明显扭曲，采用金属吊架固定时应有防晃支架，配电母线槽的圆钢吊架直径不得小于 8mm，照明母线槽的圆钢吊架直径不得小于 6mm；金属支架应进行防腐，位于室外及潮湿场所的应按设计要求进行处理。

（2）对于母线与母线、母线与电器或设备接线端子搭接，搭接面的处理应符合下列规定：铜与铜：当处于室外、高温且潮湿的室内时，搭接面应搪锡或镀银；干燥的室内，可不搪锡、不镀银；铝与铝：可直接搭接；钢与钢：搭接面应搪锡或镀锌；铜与铝：在干燥的室内，铜导体搭接面应搪锡；在潮湿场所，铜导体搭接面应搪锡或镀银，且应采用铜铝过渡连接；钢与铜或铝：钢搭接面应镀锌或搪锡。

（3）当母线采用螺栓搭接时，连接处距绝缘子的支持夹板边缘不应小于 50mm。

（4）当设计无要求时，母线的相序排列及涂色应符合下列规定：对于上、下布置的交流母线，由上至下或由下至上排列应分别为 L1、L2、L3；直流母线应正极在上、负极在下。对于水平布置的交流母线，由柜后向柜前或由柜前向柜后排列应分别为 L1、L2、L3；直流母线应正极在后、负极在前。对于面对引下线的交流母线，由左至右排列应分别为 L1、L2、L3；直流母线应正极在左、负极在右。对于母线的涂色，交流母线 L1、L2、L3 应分别为黄色、绿色和红色，中性导体应为淡蓝色；直流母线应正极为赭色、负极为蓝色；保护接地导体 PE 应为黄—绿双色组合色，保护中性导体（PEN）应为全长黄—绿双色、终端用淡蓝色或全长淡蓝色、终端用黄—绿双色；在连接处或支持件边缘两侧 10mm 以内不应涂色。

（5）母线槽安装应符合下列规定：水平或垂直敷设的母线槽固定点应每段设置一个，且每层不得少于一个支架，其间距应符合产品技术文件的要求，距拐弯 0.4 ~ 0.6m 处应设置支架，固定点位置不应设置在母线槽的连接处或分接单元处；母线槽段与段的连接口不应设置在穿越楼板或墙体处，垂直穿越楼板处应设置与建（构）筑物固定的专用部件支座，其孔洞四周应设置高度为 50mm 及以上的防水台，并应采取防火封堵措施；母线槽跨越建筑物变形缝处时，应设置补偿装置；母线槽直线敷设长度超过 80m 时，每 50 ~ 60m 宜设置伸缩节；母线槽直线段安装应平直，水平度与垂直度偏差不宜大于 1.5‰，全长最大偏差不宜大于 20mm；照明用母线槽水平偏差全长不应大于 5mm，垂直偏差不应大于 10mm；外壳与底座间、外壳各连接部位及母线的连接螺栓应按产品技术文件要求选择正确、连接紧固；母线槽上无插接部件的接插口及母线端部应采用专用的封板封堵完好；母线槽与各类管道平行或交叉的净距应符合《建筑电气工程施工质量验收规范》GB 50303—2015 附录 F 的规定。

11.4.4 成品保护措施

（1）母线槽在运输与保管中应妥善包装，以防腐蚀性气体的侵蚀及机械损伤。

（2）母线槽安装完毕，如暂时不能送电运行，其现场应设置明显标志牌，以防损坏。如有其他工种作业时应对母线槽加以保护，以免损伤。

（3）变配电室进行二次喷浆时，应将母线槽用塑料布包裹好。

（4）母线槽安装处的门窗装好，并加锁，防止闲杂人员进入。

（5）已调平调直的母线槽应妥善管理，严禁利用安装好的母线槽吊、挂其他物件，并注意不能被其他物体碰撞。

11.4.5 安全、环保措施

（1）母线槽施工时脚手架搭设必须牢固可靠，便于工作，检查合格后方可施工。

（2）当母线槽进行电、气焊操作时，应清理周围易燃物，并备有消防设施。

（3）母线槽送电后，不应在母线附近工作或走动，以免造成触电事故。

（4）工程验收交工前，不应使母线槽投入运行。

（5）下班前或工作结束后应切断电源，检查操作地点，确认安全后，方可离开。

（6）母线槽施工所用机械设备必须完好并进行定期保养维护，使其在正常状态下运行，减少噪声污染。

（7）母线槽施工时固体废弃物应工完场清，分类管理，统一回收，定点存放、清运。

（8）支吊架加工时尽量远离办公区和生活区，预制加工场地应充分利用天然地形、建筑屏障条件，阻断或屏蔽一部分噪声的传播。

12

⑫

防雷引下线及接闪器安装施工工艺

12.1 施工工艺流程

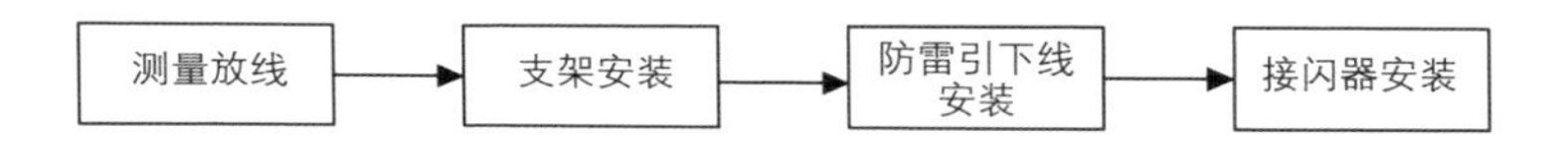

12.2 施工工艺标准图

序号	施工步骤	材料、机具准备	工艺要点	效果展示
1	测量放线	扁钢、角钢、圆钢、钢管、各种镀锌螺栓、垫圈、支架、电焊条、沥青漆、油漆、手锤	根据设计的位置，将防雷引下线的路由定位放线	
2	支架安装		根据设定位放线的路由安装支持件（固定卡子），支持件（固定卡子）应随土建主体施工预埋。一般在距室外护坡2m高处，预埋第一个支持卡子，随土建主体的上升依次预埋所有支持卡子	
3	防雷引下线安装		利用建筑物主筋作暗敷引下线：当钢筋直径为16mm及以上时，利用两根钢筋作为一组引下线，当钢筋直径为10mm及以上时，利用四根钢筋作为一组引下线。引下线的上部与接闪器焊接，下部与接地体焊接，并按设计要求的高度设置测试点	
4	接闪器安装		避雷带的材料应符合设计要求，当设计无明确要求时一般选用 ϕ10mm的镀锌圆钢或25mm×4mm的镀锌扁钢支架（宜采用成品镀锌支架），特殊情况下宜采用镀锌扁钢（20mm×3mm或25mm×4mm）和镀锌圆钢制成	

12.3 控制措施

序号	预控项目	产生原因	预控措施
1	使用螺纹钢代替圆钢作为跨接线	交底不明确	引下线跨接线使用直径不小于 12mm 的圆钢
2	接闪器的布置不符合规定	未做好技术交底	一类防雷建筑物不大于 5m×5m 或 6m×4m，二类防雷建筑物不大于 100m×10m 或 12m×8m，三类防雷建筑物不大于 20m×20m 或 24m×16m
3	接闪器高度	接闪器未超出屋面金属物，未和屋面的金属物、设备钢支架等连接	现场做好实测实量，形成记录、整改文件
4	避雷带引下线部位无标识	标识张贴不到位	避雷带引下线部位应有明显防雷接地标识
5	扁钢搭接长度不足	搭接长度交底不明确	引下线焊接、扁钢与扁钢搭接长度不应小于扁钢宽度的 2 倍，三面施焊；焊接位置应做好防腐处理

12.4 技术交底

12.4.1 施工准备

1. 材料要求

钢材（扁钢、角钢、圆钢、钢管等）、镀锌钢丝、紧固件（螺栓、垫片、弹簧垫圈、U 型螺栓等）和支架、电焊条、油性涂料等。

2. 机具准备

主要安装机具：手锤、电焊机、钢锯、气焊工具、切割机、台钻、紧线器、电锤、冲击钻、常用电工工具等。

3. 作业条件

（1）防雷引下线的作业条件：利用建筑物柱内主筋作引下线时，应在柱内主筋绑扎或连接后，按设计要求进行施工，经检查确认，再支模；对于直接从基础接地体或人工接地体引出明敷的引下线，应先埋设或安装支架，并经检查确认后，再敷设引下线。

（2）接闪器安装作业条件：接地装置及引下线应已做完；需要脚手架时，脚手架搭设完毕；土建结构工程已完，并随结构施工做完预埋件。

12.4.2 操作工艺

1. 工艺流程

测量放线→支架安装→防雷引下线安装→接闪器安装。

2. 操作要点

1）测量放线

根据设计的位置，将防雷引下线的路由定位放线。

2）支架安装

根据设定位放线的路由安装支持件（固定卡子），支持件（固定卡子）应随土建主体施工预埋。一般在距室外护坡 2m 处，预埋第一个支持卡子，随土建主体的上升依次预埋所有支持卡子，卡子间距应符合规范要求。

3）防雷引下线安装

（1）防雷引下线暗敷设：利用建筑物主筋作暗敷引下线：当

钢筋直径为16mm及以上时，应利用两根钢筋（绑扎或焊接）作为一组引下线；当钢筋直径为10mm及以上时，应利用四根钢筋（绑扎或焊接）作为一组引下线。引下线的上部与接闪器焊接，下部与接地体焊接，并按设计要求的高度设置测试点。引下线沿墙或混凝土构造柱暗敷设：应使用不小于 ϕ 12mm的镀锌圆钢或不小于 –25mm × 4mm的镀锌扁钢。将钢筋（或扁钢）调直后与接地体（或断接卡子）连接好，由下到上展放钢筋（或扁钢）并加以固定，敷设路径应尽量短，可直接通过挑檐或女儿墙与避雷带连接。

（2）防雷引下线明敷设：将调直的引下线由上到下安装。上部与避雷带焊接，下部与接地体焊接，依次安装完毕。引下线的路径尽量短而直，不能直线引下时，应做成弯曲半径为10倍圆钢的弯；明装引下线在断接卡子下部应外套塑料管以防机械损伤，游人众多的建筑物，明装引下线的外围应装设护栏。

4）接闪器安装

（1）明装避雷带安装

明装避雷带的材料应符合设计要求，当设计无明确要求时一般选用 ϕ 10mm的镀锌圆钢或 –25mm × 4mm的镀锌扁钢，支架宜采用成品镀锌支架，特殊情况下宜采用镀锌扁钢 –20mm × 3mm或 –25mm × 4mm和镀锌圆钢制成，支架的形式根据现场情况采用。

避雷带沿屋面安装时，一般沿混凝土支座固定，支座距转弯点中点0.25m，直线部分支座间距1 ~ 1.5m，必须布置均匀，避雷带距屋面的边缘距离不大于500mm，在避雷带转角中心严禁设支座。

女儿墙和天沟上支架安装：尽量随结构施工预埋支架，支架距转弯中点0.25m，直线部分支架水平间距1 ~ 1.5m，垂直间距1.5 ~ 2m，且支架间距均匀分布，支架的支起高100mm。

避雷带安装：将避雷带调至顺直敷设固定在支架上，焊接连成一体，再同引下线焊好。建筑物屋顶有金属旗杆、透气管、金属天沟、铁栏杆、爬梯、冷却塔、水箱、电视天线等金属导体时都必须与避雷带焊接成一体，顶层的烟囱应做避雷针。在建筑物的变形缝处应作防雷跨越处理。

（2）暗装避雷带安装

用建筑物V形折板内钢筋作避雷带，折板插筋与吊环和钢筋绑扎，通长筋应和插筋、吊环绑扎，折板接头部位的通长筋在端部预留钢筋100mm长，便于与引下线连接。

利用女儿墙压顶钢筋作避雷带：将压顶内钢筋作电气连接（焊接），然后将防雷引下线与压顶内钢筋焊接连接。

（3）避雷针制作安装

避雷针制作：避雷针一般用镀锌圆钢或镀锌钢管制作，针长在1m以下时，圆钢为 ϕ 12mm，钢管为DN20mm。针长在1～2m时，圆钢为 ϕ 16mm，钢管为DN25mm。

避雷针安装前，应在屋面施工时配合土建浇灌好混凝土支座，预留好地脚螺栓，地脚螺栓最少有2根与屋面、墙体或梁内钢筋焊接。待混凝土强度达到要求后，再安装避雷针，连接引下线。

安装避雷针时，先组装避雷针，在底座板相应位置上焊一块肋板将避雷针立起，找直、找正后进行点焊，然后加以校正，焊上其他三块肋板。避雷针安装应牢固，并与引下线、避雷网焊接成一个电气通路。

（4）均压环安装

均压环的材料应符合设计要求，当设计无具体要求时，宜采用 ϕ 12mm镀锌圆钢、−25mm×4mm或−40mm×4mm镀锌扁钢，使用前必须调直。

在高层建筑上，以距地 30m 高度起，每向上三层设均压环一圈，可利用钢筋混凝土圈梁的钢筋与柱内作引下线的钢筋进行连接（绑扎或焊接）做均压环。没有组合柱和圈梁的建筑物，应每三层在建筑物外墙内敷设一圈 ϕ 12mm 镀锌圆钢或 –25mm × 4mm 镀锌扁钢，与防雷引下线连接做均压环，并将金属栏杆及金属门窗等较大的金属物体与防雷装置可靠连接。

12.4.3 质量标准

1. 主控项目

（1）防雷引下线的布置、安装数量和连接方式应符合设计要求。

（2）接闪器的布置、规格及数量应符合设计要求。

（3）接闪器与防雷引下线必须采用焊接或卡接器连接，防雷引下线与接地装置必须采用焊接或螺栓连接。

（4）当利用建筑物金属屋面或屋顶上旗杆、栏杆、装饰物、铁塔、女儿墙上的盖板等永久性金属物做接闪器时，其材质及截面应符合设计要求，建筑物金属屋面板间的连接、永久性金属物各部件之间的连接应可靠、持久。

2. 一般项目

（1）暗敷在建筑物抹灰层内的引下线应有卡钉分段固定；明敷的引下线应平直、无急弯，并应设置专用支架固定，引下线焊接处应刷油漆防腐且无遗漏。

（2）设计要求接地的幕墙金属框架和建筑物的金属门窗，应就近与防雷引下线连接可靠，连接处不同金属间应采取防电化学腐蚀措施。

（3）接闪杆、接闪线或接闪带安装位置应正确，安装方式应符合设计要求，焊接固定的焊缝应饱满、无遗漏，螺栓固定的应防松零件齐全，焊接连接处应防腐完好。

（4）防雷引下线、接闪线、接闪网和接闪带的焊接连接搭接长度及要求应符合规定。

（5）接闪线和接闪带安装应符合下列规定：安装应平正顺直、无急弯，其固定支架应间距均匀、固定牢固；当设计无要求时，固定支架高度不宜小于 150mm，间距应符合规定；每个固定支架应能承受 49N 的垂直拉力。

（6）接闪带或接闪网在过建筑物变形缝处的跨接应有补偿措施。

12.4.4 成品保护措施

（1）遇坡顶瓦屋面，在操作时应采取措施，以免踩坏屋面瓦。

（2）安装接闪器时不得损坏外檐装修。

（3）接闪带、接闪网、接闪线敷设后，应避免砸碰。

（4）拆除脚手架时，注意不碰坏接闪器。

（5）接闪器安装时注意保护建筑物屋面及设施。

12.4.5 安全、环保措施

（1）进入施工现场应戴好安全帽，穿绝缘鞋。

（2）焊接时必须双线到位，严禁利用架子、轨道、钢筋和其他导电物作连接地线，严禁使用裸导线，应用多股铜芯橡套软电缆线。

（3）应经常检查配电箱、机械、电动工具等接地是否良好，电线、电缆绝缘是否有破损，严禁乱拉临时线。

（4）在脚手架上作业，脚手板必须铺满，不得有空隙和探头板。使用料具，应放入工具袋随身携带，不得抛掷。高空作业必须系安全带，安全带应高挂低用；要注意安全，避免踩空跌落。

13

13 接地干线敷设施工工艺

13.1 施工工艺流程

13.2 施工工艺标准图

序号	施工步骤	材料、机具准备	工艺要点	效果展示
1	定位放线		定位放线：按设计接地干线的位置进行放线；引下线沿外墙面明敷时，应在表面进行弹线或吊铅垂线测量，以确保其垂直度	
2	支架安装	扁钢、角钢、圆钢、钢管、各种镀锌螺栓、垫圈、支架、电焊条、沥青漆、油漆、手锤	明敷的室内接地干线支持件应固定可靠，支持件间距应均匀，扁形导体支持件固定间距宜为500mm，圆形导体支持件固定间距宜为1000mm，弯曲部分宜为0.3 ~ 0.5m。固定支持件可采用预埋固定钩或托板法、预留支架洞口后安装支架法、膨胀螺栓及射钉直接固定接地线法等	
3	接地干线安装		接地干线一般使用40mm × 4mm的镀锌扁钢制作。室内的接地干线多为明敷，但部分设备连接支线需埋设在混凝土内	

续表

序号	施工步骤	材料、机具准备	工艺要点	效果展示
4	接地干线涂刷标识		明敷接地线的表面应涂以用15～100mm宽度相等的绿色和黄色相间的条纹。在每个接地导体的全部长度上或只在每个区间或每个可接触到的部位宜作出标志。中性线宜涂淡蓝色标志，在接地线引向建筑物的入口处和在检修用临时接地点处，均应刷白色底漆并标以黑色接地标志	

13.3 控制措施

序号	预控项目	产生原因	预控措施
1	接地干线通长刷漆；无接地杆放电接口	交底不明确	变配电室接地扁钢经设备背侧应预留充足的接地螺栓作为接地杆放电接口；接地位置预留裸扁钢，不得刷漆
2	电井内明敷接地母线转弯处断开后重新焊接；扁铁搭接倍数不足，单面焊接	对接地干线做法不明确	过门处暗敷埋设，转角用扁铁摵制圆弧形，摵弯半径不小于100mm；搭接长度不小于扁钢宽度的2倍且三面施焊
3	接地干线焊接粗糙，搭接处有夹渣、焊瘤、虚焊、咬肉、焊缝不饱满等缺陷，干线色标错误	焊接质量管控不到位；焊接完成后未打磨	选用有焊工证的操作人员，加强对焊工的技能培训，要求做到搭接焊处焊缝饱满、平整均匀，特别是对立焊、仰焊等难度较高的焊接进行培训；做好技术交底和质量培训；接地干线颜色应该为黄绿相间

续表

序号	预控项目	产生原因	预控措施
4	变配电房接地干线安装高度不符合要求	施工交底及质量管控不到位	变配电明设接地干线距地面高度为250 ~ 300mm；与建筑物墙壁间的间隙为10 ~ 15mm

13.4 技术交底

13.4.1 施工准备

1. 材料要求

钢材（扁钢、角钢、圆钢、钢管等）、镀锌钢丝、紧固件（螺栓、垫片、弹簧垫圈、U型螺栓、元宝螺栓等）和支架、电焊条、油性涂料等。

2. 主要机具

主要安装机具：手锤、电焊机、钢锯、气焊工具、切割机、电锤、冲击钻、常用电工工具等。

3. 作业条件

保护管已预埋完成；室内顶棚、墙体、装饰面应完成施工，室内地面的找平层应完成施工。

13.4.2 操作工艺

1. 施工工艺

定位放线→支架安装→接地干线安装→接地干线涂刷条纹标识。

2. 操作要点

1）定位放线

按设计接地干线的位置进行放线；引下线沿外墙面明敷时，应在表面进行弹线或吊铅垂线测量，以确保其垂直度。

2）支架安装

明敷的室内接地干线支持件应固定可靠，支持件间距应均匀，扁形导体支持件固定间距宜为 500mm，圆形导体支持件固定间距宜为 1000mm，弯曲部分宜为 0.3 ~ 0.5m。固定支持件可采用预埋固定钩或托板法、预留支架洞口后安装支架法、膨胀螺栓及射钉直接固定接地线法等。

3）接地干线安装

接地干线一般使用 40mm × 4mm 的镀锌扁钢制作。室内的接地干线多为明敷，但部分设备连接支线需埋设在混凝土内，具体的安装方法如下：

（1）室内明敷的接地线应敷设在墙面上，或母线或电缆的支架上。敷设位置应便于检修，高度应符合设计要求。

（2）保护套管埋设：在配合土建墙体及地面施工时，预埋保护套管或预留出接地干线保护套管孔。护套管为方形套管。

（3）接地扁钢应事先调直、打眼、揻弯加工后安装。接地线距墙面间隙应为 10 ~ 20mm，过墙时穿过保护套管，钢制套管必须与接地线作电气连通，接地干线在连接处进行焊接，末端预留或连接应符合设计规定。接地干线还应与建筑结构中的预留钢筋连接。

（4）接地干线经过建筑伸缩（或沉降）缝时，应采取补偿措施，在过伸缩（或沉降）缝处一段做成弧形，在接地线断开处用 $50mm^2$ 裸铜软绞线连接。

（5）室内接地干线与室外接地干线的连接，应使用螺栓连接以便检测，接地干线穿过套管或洞口应用沥青丝麻或建筑密封膏堵死。

4）接地干线涂刷条纹标识

明敷接地线的表面应涂以 15 ~ 100mm 宽度相等的绿色和黄色相

间的条纹。在每个接地导体的全部长度上或只在每个区间或每个可接触到的部位宜作出标志。中性线宜涂淡蓝色标志，在接地线引向建筑物的入口处和在检修用临时接地点处，均应刷白色底漆并标以黑色接地标志。

13.4.3 质量标准

1. 主控项目

（1）接地干线应与接地装置可靠连接。

（2）接地干线的材料型号、规格应符合设计要求。

2. 一般项目

1）接地干线的连接应符合下列规定：

（1）接地干线搭接焊应符合规范要求。

（2）采用螺栓搭接的连接、搭接的钻孔直径和搭接长度及连接螺栓的力矩值应符合规范要求。

（3）铜与铜或铜与钢采用热剂焊（放热焊接）时，应符合规范要求。

2）明敷的室内接地干线支持件应固定可靠，支持件间距应均匀，扁形导体支持件固定间距宜为 500mm；圆形导体支持件固定间距宜为 1000mm；弯曲部分宜为 0.3 ~ 0.5m。

3）接地干线在穿越墙壁、楼板和地坪处应加套钢管或其他坚固的保护套管，钢套管应与接地干线作电气连通，接地干线敷设完成后保护套管管口应封堵。

4）接地干线跨越建筑物变形缝时，应采取补偿措施。

5）对于接地干线的焊接接头，除埋入混凝土内的接头外，其余均应作防腐处理，且无遗漏。

6）室内明敷接地干线安装应符合下列规定：

（1）敷设位置应便于检查，不应妨碍设备的拆卸、检修和运行巡视，安装高度应符合设计要求。

（2）当沿建筑物墙壁水平敷设时，与建筑物墙壁间的间隙宜为10 ~ 20mm。

（3）接地干线全长度或区间段及每个连接部位附近的表面，应涂以 15 ~ 100mm 宽度相等的黄色和绿色相间的条纹标识。

（4）变压器室、高压配电室、发电机房的接地干线上应设置不少于 2 个供临时接地用的接线柱或接地螺栓。

13.4.4 成品保护措施

（1）安装保护管时，注意保护好土建结构及装饰面。

（2）拆架子时不应碰撞引下线。

（3）变配电室、电气竖井内安装设备时，不应碰坏接地干线。

13.4.5 安全、环保措施

（1）接地线裸露部位应设置保护装置，以防止机械损伤。凡易遭受损伤部位应用角钢加以保护。接地线穿越墙壁时应预留明孔，及预埋钢管作保护套管。

（2）使用电锤、电钻、切割机、电焊机等，必须可靠接地。电动机具接线应正确连接，牢固可靠，并设闸刀开关和漏电保护器。

（3）搬运时，应防止碰撞损坏材料、机具和设备，注意人身安全。

（4）刷油防腐时采取措施防止流淌和遗洒，现场严禁有火源、热源，操作时严禁吸烟。

（5）高处作业时，系好安全带，并按所涉及的其他安全措施进行控制。

14

⑭

接地装置安装施工工艺

14.1 施工工艺流程

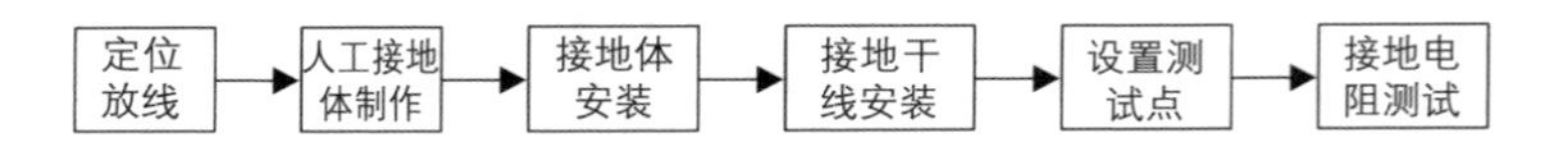

14.2 施工工艺标准图

序号	施工步骤	材料、机具准备	工艺要点	效果展示
1	定位放线	圆钢、扁钢、电焊条、接地电阻测试仪、油漆、沥青等	按设计规定的防雷装置接地体的位置进行放线。沿接地体的线路，开挖接地体沟。接地装置应埋置于地表层以下，埋设在上层电阻率较低和人们不常到达的地方	
2	人工接地体制作		垂直接地体的加工制作：一般采用镀锌钢管（DN50mm）、镀锌角钢（L50mm×50mm×5mm）或镀锌圆钢（ϕ20mm），长度不应小于2.5m，端部锯成斜口或锻造成锥形，角钢的一端应加工成尖头形状，尖点应保持在角钢的角脊线上并使斜边对称制成接地体	
3	接地体安装		按水平接地体的长度，将水平接地体沿接地网沟边在地面上焊接成一个整体，理顺调直后使其呈立直状态敷设在土里，再进行各段之间及与垂直接地体之间的焊接。扁钢与角钢进行焊接，扁钢贴角钢两个侧面焊接，四面满焊，焊接面作防腐处理	

续表

序号	施工步骤	材料、机具准备	工艺要点	效果展示
4	接地干线安装		将接地干线进行调直、摵弯，然后将扁钢放入地沟内，扁钢应保持侧放，依次将扁钢在距接地体顶端大于50mm处与接地体焊接。焊接时应将扁钢拉直，将扁钢弯成弧形（或三角形）与接地钢管（或角钢）进行焊接。敷设完毕经隐蔽验收后，进行回填并压实	
5	设置测试点	圆钢、扁钢、电焊条、接地电阻测试仪、油漆、沥青等	测试点应制作面板，面板采用不锈钢材质，尺寸120mm×120mm，用螺栓固定在预埋盒上，面板上标明接地测试点接地符号、施工单位、编号，标高尺寸及位置应符合设计要求	
6	接地电阻测试		接地装置施工完成后，应使用接地电阻测试仪进行接地电阻测试。接地电阻应符合设计要求	

14.3 控制措施

序号	预控项目	产生原因	预控措施
1	局部等电位端子箱安装不规范	未按要求设置等电位端子箱	消控室需要按要求设置局部等电位端子箱

续表

序号	预控项目	产生原因	预控措施
2	接地体搭接长度不满足规范要求；防腐不满足规范要求	交底不到位；质量管控不到位	接地体焊接前应清除焊接部位的铁锈等附着物；接地体的焊接应使用搭接的方式，搭接长度为接地体直径的6倍或满足设计要求，并双面焊接；接地体的焊接部位应使用防锈漆进行防腐处理

14.4 技术交底

14.4.1 施工准备

1. 材料要求

钢材（扁钢、角钢、圆钢、钢管等）、镀锌钢丝、紧固件（螺栓、垫片、弹簧垫圈、U型螺栓、元宝螺栓等）和支架、电焊条、油性涂料等。

2. 主要机具

（1）主要安装机具：手锤、电焊机、钢锯、气焊工具、切割机、铁锹、铁锤、大锤、夯桶、电锤、冲击钻、常用电工工具等。

（2）主要检测机具：线坠、卷尺、接地电阻测试仪等。

3. 作业条件

采用建筑物基础接地的接地体，应先完成底板钢筋敷设，然后进行接地装置施工；采用人工接地的接地体，应利用基础沟槽或开挖沟槽，然后埋入或打入接地极和敷设地下接地干线。

14.4.2 操作工艺

1. 工艺流程

定位放线→人工接地体制作→人工接地体安装（自然接地体安装）→接地干线安装→设置测试点→接地电阻测试。

2. 施工操作要点

1）定位放线

（1）按设计规定的防雷装置接地体的位置进行放线。沿接地体的线路，开挖接地体沟。接地装置应埋置于地表层以下，埋设在土层电阻率较低和人们不常到达的地方。

（2）接地装置的位置，与道路或建筑物的出入口等的距离应不小于 3m；当小于 3m 时，为降低跨步电压应采取以下措施：水平接地体局部埋置深度不应小于 1m，局部包以绝缘物（50 ~ 80mm 厚的沥青层）；采用沥青碎石地面或在接地装置上面敷设 50 ~ 80mm 厚的沥青层，其宽度应超过接地装置 2m。敷设沥青层时，其基底必须用碎石夯实；接地体上部装设用圆钢或扁钢焊成的 500mm × 500mm 的网格均压网，其边缘距接地体不得小于 2.5m；采用“帽檐式”的均压带做法。挖接地体沟时，应从自然地面开始，沟上口宽 600mm、深 900mm、下底宽 400mm。沟应挖得平直、深浅一致，沟底石子应清除干净。挖沟时如附近有建筑物或构筑物，沟的中心线与建筑物或构筑物的基础距离不宜小于 2m。

2）人工接地体制作

制作接地体的材料应符合设计要求，当设计无具体要求时，应符合下列规定：

（1）垂直接地体的加工制作：一般采用镀锌钢管（DN50mm）、镀锌角钢（L50mm × 50mm × 5mm）或镀锌圆钢（ϕ 20mm），长度不应小于 2.5m，端部锯成斜口或锻造成锥形，角钢的一端应加工成尖头形状，尖点应保持在角钢的角脊线上并使斜边对称制成接地体。

（2）水平接地体的加工制作：一般使用 –40mm × 4mm 的镀锌扁钢。

（3）铜接地体常用 900mm × 900mm × 1.5mm 的铜板制作：在铜接地板上打孔，用单股铜线将铜接地线（绞线）绑扎在铜板上，在铜绞线两侧用气焊焊接；在铜接地板上打孔，将铜接地绞线分开拉直，搪锡后分四处用单股 ϕ1.3 ～ ϕ2.5mm 铜线绑扎在铜板上，逐根与铜板焊好；将铜接地线与接线端子连接，接线端部与铜端子以及与铜接地板的接触面处搪锡，用 ϕ5mm × 6mm 的铜铆钉将端子与铜板铆紧，在接线端子周围进行锡焊。铜端子规格为 –30mm × 1.5mm。

（4）使用 25mm × 1.5mm 的扁铜板与铜接地板进行铜焊固定。

3）人工接地体安装

（1）垂直接地体的安装：将接地体放在沟的中心线上，用大锤将接地体打入地下，顶部距地面不小于 0.6m，间距不宜小于其长度的 2 倍，接地极与地面应保持垂直打入。

（2）水平接地体的安装：水平接地体多用于绕建筑四周的联合接地。安装时应将扁钢侧放敷设在地沟内（不应平放），顶部埋设深度距地面不小于 0.6m，间距应符合设计规定，当无设计规定时不宜小于 5m。

（3）铜板接地体应垂直安装，顶部距地面的距离不小于 0.6m，接地极间的距离不小于 5m。

4）自然接地体安装

自然接地体的安装应按设计要求实施，当设计无具体要求时，宜采用以下做法。

（1）利用钢筋混凝土桩基础作接地体

在作为防雷引下线的柱子（或者剪力墙内钢筋作引下线）位置处，将桩基础的抛头钢筋与承台梁主筋焊接，再与上面作为引下线的柱（或剪力墙）中钢筋焊接。当每一组桩基多于4根时，应将连接四角桩基的钢筋作为防雷接地体。

（2）利用钢筋混凝土板式基础作接地体

利用无防水层底板的钢筋混凝土板式基础作接地体时，将可作为防雷引下线的柱主筋与底板的钢筋焊接连接。

利用有防水层板式基础的钢筋作接地体时，将可用来作防雷引下线的柱内钢筋，在室外自然地面以下的适当位置处，利用预埋连接板与外引的 ϕ 12mm 镀锌圆钢或 −40mm × 4mm 的镀锌扁钢相焊接作连接线，并与有防水层的钢筋混凝土板式基础的接地装置连接。

（3）利用独立柱基础、箱形基础作接地体

利用钢筋混凝土独立柱基础及箱形基础作接地体，将可用作防雷引下线的现浇混凝土柱主筋，与基础底层钢筋网作焊接连接。

钢筋混凝土独立柱基础有防水层时，应跨越防水层将柱内的引下线钢筋、垫层内的钢筋与接地线相焊接。

（4）利用钢柱钢筋混凝土基础作接地体

利用仅有水平钢筋网的钢柱钢筋混凝土基础作接地体时，每个钢筋混凝土基础中应有一个地脚螺栓通过连接导体（ϕ 12mm 圆钢）与水平钢筋网进行焊接连接。地脚螺栓与连接导体和水平钢筋网的搭接焊接长度不应小于6倍圆钢直径，并在钢桩就位后，将地脚螺栓及螺母和钢柱焊为一体。

有垂直和水平钢筋网的基础，垂直和水平钢筋网的连接，应将与地脚螺栓相连接的一根垂直钢筋焊接到水平钢筋网上，当不能焊接时，采用 ϕ12mm 圆钢跨接焊接。当四根垂直主筋能接触到水平钢筋网时，将垂直的四根钢筋与水平钢筋网进行绑扎连接。

当钢柱钢筋混凝土基础底部有柱基时，宜将每一桩基的一根主筋同承台钢筋焊接。

5）接地干线安装

（1）接地干线一般使用 -40mm×4mm 的镀锌扁钢。

（2）室外接地干线与支线一般敷设在沟内，具体的安装方法如下：将接地干线进行调直、揻弯，然后将扁钢放入地沟内，扁钢应保持侧放，依次将扁钢在距接地体顶端大于 50mm 处与接地体焊接。焊接时应将扁钢拉直，将扁钢弯成弧形（或三角形）与接地钢管（或角钢）进行焊接。敷设完毕经隐蔽验收后，进行回填并压实。

6）设置测试点

（1）根据设计要求确定避雷测试点的具体位置、施工要求。

（2）预埋镀锌扁钢及 100mm×100mm×60mm 线盒，扁钢一端与柱内引下线焊接，焊接应按规范施工，另一端放置于线盒内，线盒与墙面（或柱面）平齐，镀锌扁钢钻 ϕ12mm 孔，安装防松垫片及蝴蝶螺母，螺母居预埋盒中心。

（3）将编织软铜线一端连接在蝴蝶螺母上，另一端压接铜鼻子预留，用于接地测试。

（4）测试点应制作面板，面板采用不锈钢材质，尺寸 120mm×120mm，用螺栓固定在预埋盒上，面板上标明接地测试点、接地符号、施工单位、编号，标高尺寸及位置应符合设计要求。

7）接地电阻测试

接地装置施工完成后，应使用接地电阻测试仪进行接地电阻测试。接地电阻应符合设计要求。

14.4.3 质量标准

1. 主控项目

1）接地装置在地面以上的部分，应按设计要求设置测试点，测试点不应被外墙饰面遮蔽，且应有明显标识。

2）接地装置的接地电阻值应符合设计要求。

3）接地装置的材料规格、型号应符合设计要求。

4）当接地电阻达不到设计要求需采取措施降低接地电阻时，应符合下列规定：

（1）采用降阻剂时，降阻剂应为同一品牌的产品，调制降阻剂的水应无污染和杂物；降阻剂应均匀灌注于垂直接地体周围。

（2）采取换土或将人工接地体外延至土壤电阻率较低处时，应掌握有关的地质结构资料和地下土壤电阻率的分布，并应做好记录。

（3）采用接地模块时，接地模块的顶面埋深不应小于 0.6m，接地模块间距不应小于模块长度的 3 ~ 5 倍。接地模块埋设基坑宜为模块外形尺寸的 1.2 ~ 1.4 倍，且应详细记录开挖深度内的地层情况；接地模块应垂直或水平就位，并应保持与原土层接触良好。

2. 一般项目

1）当设计无要求时，接地装置顶面埋设深度不应小于 0.6m，且应在冻土层以下。圆钢、角钢、铜管、铜棒等接地极应垂直埋入地下，间距不应小于 5m；人工接地体与建筑物的外墙或基础之间的水平距离不宜小于 1m。

2）接地装置应采用搭接焊接，除埋设在混凝土中的焊接接头外，还应采取防腐措施，焊接搭接长度应符合下列规定：

（1）扁钢与扁钢搭接不应小于扁钢宽度的 2 倍，且应至少三面施焊；

（2）圆钢与圆钢搭接不应小于圆钢直径的 6 倍，且应双面施焊；

（3）圆钢与扁钢搭接不应小于圆钢直径的 6 倍，且应双面施焊；

（4）扁钢与钢管，扁钢与角钢焊接，应紧贴角钢外侧两面，或紧贴 3/4 铜管表面，上下两侧施焊。

3）当接地极为铜材和钢材组成，且铜与铜或铜与钢材连接采用热剂焊时，接头应无贯穿性的气孔且表面平滑。

4）采取降阻措施的接地装置应符合下列规定：

（1）接地装置应被降阻剂或低电阻率土壤所包覆；

（2）接地模块应集中引线，并应采用干线将接地模块并联焊接成一个环路，干线的材质应与接地模块焊接点的材质相同，钢制的采用热浸锌材料的引出线不应少于 2 处。

14.4.4 成品保护措施

（1）其他工种在挖土时，应注意保护接地体。

（2）安装接地体时，不应破坏散水和外墙装修。

（3）不应随意移动已经绑扎好的结构钢筋。

（4）拆除脚手架或搬运物体时，不应碰坏接地干线。

14.4.5 安全、环保措施

（1）使用大锤锤击接地极时，接地极应加戴临时护帽（钢管或角钢制作）以防接地极端部损坏，并一人扶持接地极，一人挥锤敲击。

（2）刷油防腐时，应采用塑料布或接盘防护，防止流淌和遗洒，现场严禁有火源、热源，操作时严禁吸烟。熔化焊锡、锡块，工具应干燥，防止爆溅。

（3）挖出的土应统一堆放，防止扬尘。挖完土后，应立即安装接地装置，隐蔽验收后立即回填。

（4）沥青、凡士林油等材料应妥善保管，使用时现场应配备适宜的消防器材。

（5）焊接应减少电弧光污染、有毒有害气体排放，防止废焊条、电焊头遗弃污染环境。

（6）施工现场保持清洁，做到工完场清。施工中产生的废弃物应及时清理干净、统一回收、集中处理。

15

⑮

建筑物等电位联结施工工艺

15.1 施工工艺流程

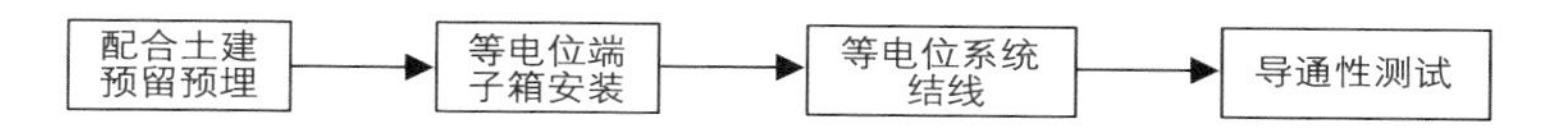

15.2 施工工艺标准图

序号	施工步骤	材料、机具准备	工艺要点	效果展示
1	配合土建预留预埋	扁铁、接地端子箱、电阻测试仪、电焊条等	按照设计位置，在土建结构中使用 –40mm × 4mm 镀锌扁钢预留出等电位接地干线联结点，并预留等电位接地端子箱的安装位置	
2	等电位端子箱安装		端子板应采用紫铜板，根据设计要求的规格尺寸加工端子箱尺寸及箱顶、底板孔规格和孔距应符合设计要求	
3	等电位系统结线		金属部件或零件应有专用接线螺栓与等电位联结支线连接，连接处螺母紧固、防松件齐全	
4	导通性测试		等电位联结安装完毕后应进行导通性测试，第一类防雷建筑物中长金属物的弯头、阀门、法兰等过渡电阻不应大于 0.03Ω	

15.3 控制措施

序号	预控项目	产生原因	预控措施
1	局部等电位端子箱安装不规范	未按要求设置等电位端子箱	消控室需要按要求设置局部等电位端子箱
2	设备基础接地采用扁钢直接焊接，导致减振基础失效	施工交底及质量管控不到位	设备基础接地不能直接焊接，应采用导线连接并留有收缩余量
3	端子箱内的端子排锈蚀	施工交底及质量管控不到位	施工前对施工人员要认真交底，做好成品保护，避免镀锌层破坏

15.4 技术交底

15.4.1 施工准备

1. 材料要求

接地干线（铜或钢）、等电位联结端子箱、等电位联结线、防护涂料、电焊条等。

2. 主要机具

（1）主要安装机具：手锤、电焊机、钢锯、气焊工具、切割机、电锤、冲击钻、常用电工工具等。

（2）主要检测机具：线坠、卷尺、导通测试仪等。

3. 作业条件

（1）防雷接地装置安装完毕。

（2）配电箱等电气设备、各专业管路安装完毕。

15.4.2 操作工艺

1. 工艺流程

配合土建预留预埋→等电位端子箱安装→等电位系统结线→导通性测试。

2. 操作要点

1）配合土建预留预埋

按照设计位置，在土建结构中使用 -40mm × 4mm 镀锌扁钢预留出等电位接地干线联结点，并预留等电位接地端子箱的安装位置。

2）等电位端子箱安装

（1）端子板应采用紫铜板，根据设计要求的规格尺寸加工。端子箱尺寸及箱顶、底板孔规格和孔距应符合设计要求。

（2）MEB 线截面应符合设计要求。相邻管道及金属结构允许用一根 MEB 线连接。

（3）利用建筑物金属体作防雷及接地时，MEB 端子板宜直接与该建筑物用作防雷及接地的金属体连通。

3）等电位系统结线

（1）等电位联结应符合以下要求：

需作等电位联结的外露可导电部分或外界可导电部分的连接应可靠。采用焊接时，应符合规定；采用螺栓连接时其螺栓、垫圈、螺母等应为热镀锌制品，且应连接牢固。

需作等电位联结的卫生间内金属部件或零件的外界可导电部分，应设置专用接线螺栓与等电位联结导体连接，并应设置标识；连接处螺母应紧固、防松零件应齐全。

当等电位联结导体在地下暗敷时，其导体间的连接不得采用螺栓压接。

等电位联结线与金属管道的连接应采用抱箍，与管道接触处的接触表面须刮拭干净，安装完毕后刷防护涂料，抱箍内径等于管道外径，其大小依管径大小而定。金属部件或零件，应有专用接线螺栓与等电位联结支线连接，连接处螺母紧固、防松件齐全。

（2）等电位联结端子板截面不应小于所接等电位联结线截面。常规端子板的规格为：260mm×100mm×4mm，或者是260mm×25mm×4mm。等电位联结端子板应采取螺栓连接，以便于拆卸进行定期检测。

（3）厨房、卫生间等电位结线，应符合以下规定：

在厨房、卫生间内便于检测位置设置局部等电位端子板，端子板与等电位联结干线连接。

地面内钢筋网宜与等电位联结线连通，当墙为混凝土墙时，墙内钢筋网也宜与等电位联结线连通。

厨房、卫生间内金属地漏、排水管等设备通过等电位联结线与局部等电位端子板连接。连接时抱箍与管道接触处的接触表面须刮拭干净，安装完毕后刷防护漆。抱箍内径等于管道外径，抱箍大小依管道大小而定。

等电位联结线采用 BV-1×4mm^2 铜导线穿塑料管于地面或墙内暗敷。

（4）游泳池等电位结线，应符合以下规定：

于游泳池内便于检测处设置局部等电位端子板，金属地漏、金属管等设备通过等电位联结线与等电位端子板连通；如室内原无 PE 线，则不应引入 PE 线，将装置外可导电部分相互连接即可。为此，室内也不应采用金属穿线管或金属护套电缆。

无筋地面应敷设等电位均衡导线，采用 25mm×4mm 扁钢或

ϕ10mm 圆钢在游泳池四周敷设三道，距游泳池 0.3m，每道间距约为 0.6m，最少在两处作横向连接，且与等电位联结端子板连接。等电位均衡导线也可敷设网格为 50mm×150mm，规格为 ϕ3mm 的钢丝网，相邻网之间应互相焊接牢固。

（5）医院手术室等电位联结，应符合以下规定：

等电位联结端子板与插座保护线端子或任一装置外导电部分间的连接线的电阻（包括连接点的电阻）不应大于 0.2Ω。

预埋件形式、尺寸和安装的位置、标高应符合设计要求，安装必须牢固可靠。

4）等电位联结导通性测试

等电位联结安装完毕后应进行导通性测试。第一类防雷建筑物中长金属物的弯头、阀门、法兰盘等连接处的过渡电阻不应大 0.3Ω；连在额定值为 16A 的断路器线路中，同时触及的外露可导电部分和装置外可导电部分之间的电阻不应大于 0.24Ω；等电位连接带与连接范围内的金属管道等金属体末端之间的直流过渡电阻值不应大于 3Ω。如发现导通不良的管道连接处，应做跨接线，并在投入使用后定期测试。

15.4.3 质量标准

1. 主控项目

（1）建筑物等电位联结的范围、形式、方法、部位及联结导体的材料和截面积应符合设计要求。

（2）需作等电位联结的外露可导电部分或外界可导电部分的连接应可靠。采用焊接时，应符合规范要求；采用螺栓连接时，其螺栓、垫圈、螺母等应为热镀锌制品，且应连接牢固。

2. 一般项目

（1）需作等电位联结的卫生间内金属部件或零件的外界可导电部分，应设置专用接线螺栓与等电位联结导体连接，并应设置标识；连接处螺母应紧固、防松零件应齐全。

（2）当等电位联结导体在地下暗敷时，其导体间的连接不得采用螺栓压接。

15.4.4 成品保护措施

（1）其他专业在施工时注意保护等电位联结，不得损坏接地线。

（2）安装等电位联结导体时，不得破坏其他专业已安装完毕的设施。

（3）不得随意改动电气器具接线。

（4）搬运物体时，不得碰坏等电位联结线。

15.4.5 安全、环保措施

（1）搬运材料、机具、设备时，应小心谨慎，防止碰撞损坏材料、机具和设备，同时注意人身安全，防止碰伤、砸伤。

（2）刷油防腐现场严禁有火源、热源。操作时严禁吸烟等。

（3）应有防止机械噪声扩散的措施。

（4）施工现场保持清洁，做到工完场清。施工中产生的垃圾、机械产生的油污，应及时清理干净。

16

⑯

桥架安装施工工艺

16.1 施工工艺流程

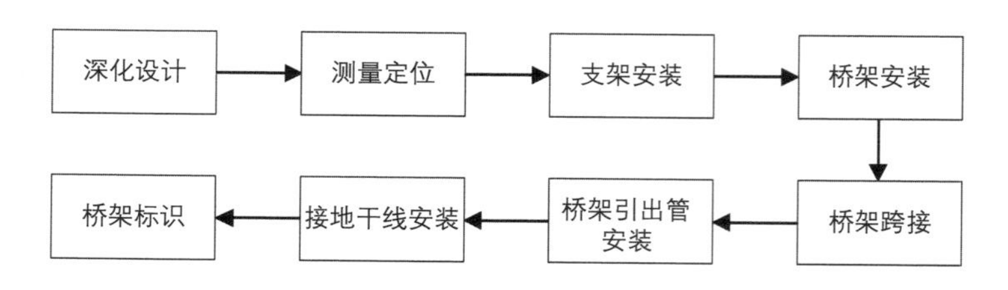

16.2 施工工艺标准图

序号	施工步骤	工艺要点	效果展示
1	深化设计	绘制综合管线 BIM 图，优化综合管线排布，并确定桥架安装位置及标高，最后出图	X CL3750 DN100 X CL3750 DN100 X CL3750 DN100 J CL3750 DN80 J CL3750 DN80 J CL3750 DN80 ZP CL3750 DN100 X CL3750 DN100 J CL3600 DN25 ZP CL3400 DN100 ZP CL3400 DN150
2	测量定位	利用红外线定位仪确定支架及桥架安装位置、标高，并画线定位	
3	支架安装	桥架支架采用组装式吊架。根据画线位置，用螺栓将支架固定于顶板上。安装支架时，先安装两边的支架，然后拉线找直，再安装中间的支架	

续表

序号	施工步骤	工艺要点	效果展示
4	桥架安装	桥架安装时，用红外线定位仪找直，然后将桥架用螺栓与支架连接固定。直线段桥架采用专用连接片连接，转弯、翻弯、变径、三通、四通处采用成品构件连接	
5	桥架跨接	电缆桥架的伸缩缝或软连接处需采用截面积 $4mm^2$ 的黄绿线连接，以保证桥架的电气通路。对于振动场所，在接地部位的连接处装置弹簧垫圈，防止因振动引起连接螺栓松动，而造成接地电气通路中断	BV 跨接线 爪垫
6	桥架引出管安装	（1）确定出管口位置后，在桥架侧面采用开孔器开孔，清理孔边缘毛刺，孔径与管径相一致，一管一孔。 （2）导管与桥架连接内外侧采用锁母固定，管口伸入桥架内不大于 5mm	
7	接地干线安装	水平桥架每隔 20 ~ 30m 增加一个保护导体可靠连接点，起始端和终点端均可靠接地	
8	桥架标识	桥架安装完成后，应喷涂正确、清晰的标识	

16.3 控制措施

序号	预控项目	产生原因	预控措施
1	支架安装偏差	（1）安装前未定位。 （2）现场把控不到位	（1）桥架支、吊架安装前应使用水平仪和铅垂线进行定位。 （2）桥架与支架间应使用固定螺栓可靠固定，严禁使用自攻螺钉固定
2	桥架连接件安装质量差	未考虑桥架连接角度对电缆弯曲半径的影响	建议桥架连接使用成品 135° 连接件
3	盖板密封不严	（1）桥架对接不严密。 （2）桥架盖板间隙过大，盖板变形	（1）使用接头连接桥架前，确保桥架对接严密。 （2）因产品自身原因造成拼接不严的，可现场对桥架及盖板进行二次切割加工。 （3）盖板存放和运输过程中要注意保护
4	桥架与配电箱跨接不规范	桥架、线管通过配电箱箱壳与接地排连接，受接触可靠度、串联接地回路中间阻抗影响较大	（1）桥架、线管应与配电箱内的 PE 排可靠跨接。 （2）应有接地标识
5	桥架防火封堵不达标	桥架内部未用阻火包封堵；桥架与墙体间的间隙封堵不严，未采用防火泥铺平嵌缝	（1）桥架内部使用阻火包封堵。 （2）桥架与墙体间隙封堵平整、严密，采用防火泥铺平嵌缝

16.4 技术交底

16.4.1 施工准备

1. 材料准备

梯架、托盘和槽盒及其配件、紧固件、金属型材、防锈涂料、油性涂料、电焊条等。

2. 主要机具

主要安装机具：电锤、电钻、开孔器、扳手、铅笔、卷尺、移动式脚手架、登高车等。

主要检测机具：激光标线仪、水平仪等。

3. 作业条件

配合土建的结构施工、预留孔洞、预埋铁件和预埋吊杆、吊架、保护管等全部完成。

室外架空走廊结构、电缆沟、电缆隧道及电气竖井完工，室内顶棚和墙面的喷浆、油漆及壁纸全部完成后，方可进行梯架、托盘和槽盒敷设。成套配电柜安装前，室内顶棚、墙体的装饰工程应完成施工，无渗漏水，室内地面的找平层应完成施工，基础型钢和电缆沟等经检查应合格，落地式柜、台、箱的基础及埋入基础的导管验收合格。

16.4.2 操作工艺

1. 工艺流程

测量定位→支、吊架制作安装→梯架、托盘和槽盒安装→保护地线安装。

2. 操作要点

1）测量定位

（1）根据图纸确定始端到终端，找好水平或垂直线，用激光标线仪沿墙壁、顶棚等处，确定出线路的中心线。

（2）按设计图的要求，分匀档距并用笔标出具体位置及支架设置的位置。

2）支、吊架制作安装

（1）支架与吊架所用钢材应平直，无显著扭曲。下料后长短偏差应在 5mm 范围内，切口处应无卷边、毛刺。

（2）支架与吊架应焊接牢固，无显著变形，焊缝均匀平整，焊缝长度应符合要求，不得出现裂纹、咬边、气孔、凹陷、漏焊等缺陷。

（3）支架与吊架应安装牢固，保证横平竖直，在有坡度的建筑物上安装支架与吊架应与建筑物有相同坡度。

（4）加工制作应机械切割，台钻钻孔，孔径为螺栓直径 +2mm；支架端部打磨光滑、倒圆弧角，倒角半径为型钢端面边长的 1/3 ~ 1/2，支架拐角处应采用 45° 拼接焊接，焊缝应饱满、打磨平滑，严禁采用电气焊切割型钢。

（5）成品支、吊架应采用定型产品，并应有各自独立的吊装卡具或支撑系统。

（6）梯架、托盘和槽盒水平安装时，支架间距应为 1.5 ~ 3m。垂直安装时，支架间距应不大于 2m，在进出接线盒、箱、柜和变形缝两端 500mm 以内应设固定支持点。弯通弯曲半径不大于 300mm 时，应在距弯曲段与直线段结合处 300 ~ 500mm 处设置一个支、吊架；当弯曲半径大于 300mm 时，还应在弯通中部增设一个支、吊架。

（7）支、吊架的固定应采用膨胀螺栓或预埋件焊接。

3）梯架、托盘和槽盒安装

（1）梯架、托盘和槽盒在电缆沟和电缆隧道内安装：应使用托臂固定在异形钢单立柱上，支持梯架、托盘和槽盒。电缆隧道内异形钢立柱与 120mm × 120mm × 240mm 预制混凝土砌块内的埋件焊接固定，焊角高度为 3mm，电缆沟内异形钢立柱可以用固定板安装，也可以用膨胀螺栓固定。

（2）梯架、托盘和槽盒应做到安装牢固、横平竖直，支、吊架沿桥架走向左右的偏差不应大于 10mm，高低偏差不应大于 5mm。

（3）梯架、托盘和槽盒水平安装时的距地高度不宜低于 2.5m。

（4）梯架、托盘和槽盒与每处支吊架均应进行固定，宽度不大于 200mm 应设置一处固定点，宽度大于 200mm 应设置两处固定点。

（5）几组托盘、槽盒在同一高度平行安装时，各相邻托盘、槽盒之间应考虑维护、检修距离。

（6）由金属梯架、托盘和槽盒引出的配管应使用钢管，当桥架需开孔时，应用开孔器开孔，开孔处应切口整齐，管孔径吻合，严禁用气、电焊割孔。钢管与桥架连接时，应使用管接头固定。

（7）梯架、托盘和槽盒及其支架必须可靠接地，避免电缆发生故障危及人身安全。

（8）防火隔离段施工中，应配合土建施工预留洞口，垂直穿越楼板处应在其孔洞四周设置高度为 50mm 及以上的防水台，用防火堵料填满与建筑物间的缝隙，内部应用阻火包填充密实，防火堵料的厚度不应低于结构厚度。

（9）在有腐蚀性环境下安装的梯架、托盘和槽盒，应采取措施防止损伤其表面保护层，在切割、钻孔后应对其裸露的金属表面用相应的防腐涂料或油漆修补。

4）保护地线安装

（1）金属梯架、托盘或槽盒本体之间的连接应牢固可靠，梯架、托盘和槽盒全长不大于 30m 时，不应少于两处与保护导体可靠连接；全长大于 30m 时，每隔 20 ~ 30m 应增加一个连接点，起始端和终点端均应可靠接地；非镀锌梯架、托盘和槽盒本体之间连接处的两端应跨接保护联结导体，保护联结导体的截面积应符合设计要求；镀锌梯架、托盘和槽盒本体之间不跨接保护联结导体时，连接板每端不应少于 2 个有防松螺母或防松垫圈的连接固定螺栓。

（2）桥架端部之间连接电阻值不应过大，接地孔应清除绝缘涂层。

（3）在伸缩缝或软连接处需采用编织铜线连接，编织铜线应进行涮锡处理。

16.4.3 质量标准

1. 主控项目

（1）金属梯架、托盘或槽盒本体之间的连接应牢固可靠，与保护导体的连接应符合下列规定：梯架、托盘和槽盒全长不大于 30m 时，不应少于两处与保护导体可靠连接；全长大于 30m 时，每隔 20 ~ 30m 应增加一个连接点，起始端和终点端均应可靠接地。非镀锌梯架、托盘和槽盒本体之间连接处的两端应跨接保护联结导体，保护联结导体的截面积应符合设计要求。镀锌梯架、托盘和槽盒本体之间不跨接保护联结导体时，连接板每端不应少于 2 个有防松螺母或防松垫圈的连接固定螺栓。

（2）电缆梯架、托盘和槽盒转弯、分支处宜采用专用连接配件，其弯曲半径不应小于梯架、托盘和槽盒内电缆最小允许弯曲半径。

2. 一般项目

（1）当直线段钢制或塑料梯架、托盘和槽盒长度超过 30m，铝合金或玻璃钢制梯架、托盘和槽盒长度超过 15m 时，应设置伸缩节；当梯架、托盘和槽盒跨越建筑物变形缝处时，应设置补偿装置。

（2）梯架、托盘和槽盒与支架间及与连接板的固定螺栓应紧固、无遗漏，螺母应位于梯架、托盘和槽盒外侧；当铝合金梯架、托盘和槽盒与钢支架固定时，应有相互间绝缘的防电化腐蚀措施。

16.4.4 成品保护措施

（1）不允许将穿过墙壁的桥架与墙上的孔洞一起抹死。

（2）梯架、托盘和槽盒盖板应齐全，不得遗漏，并防止损坏和污染。

（3）使用移动脚手架时，注意不应碰坏建筑物的墙面及门窗等。

16.4.5 安全、环保措施

（1）梯架、托盘和槽盒安装时，其下方不得有人。

（2）梯架、托盘和槽盒严禁作为人行通道、梯子或站人平台，其支、吊架不得作为吊挂重物的支架使用。

（3）梯架、托盘和槽盒安装时使用的移动脚手架必须坚固，下端应有人扶持，并采取防侧倒的措施，脚手架搭设高度不得超过两步。采取其他登高设施时，应牢固、可靠。

17

17 电缆敷设施工工艺

17.1 施工工艺流程

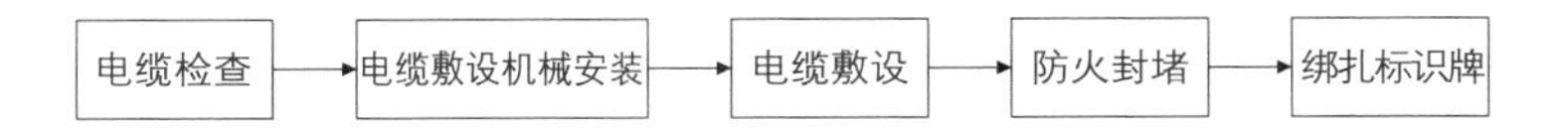

17.2 施工工艺标准图

序号	施工步骤	工艺要点	效果展示
1	电缆检查	敷设前应检查电缆规格、型号、截面积是否符合设计要求，外观有无扭曲和破损，并进行绝缘测试和耐压试验	
2	电缆敷设机械安装	采用机械放电缆时，将机械安装在合适位置，并将钢丝绳和滑轮安装好；人力放电缆时提前将滚轮安装好	
3	电缆敷设	电缆按顺序摆放在桥架内，排列整齐，不得交叉。电缆倾斜大于45°时，每隔2m绑扎一次；水平敷设时，首尾两端、转弯两侧及每隔5～10m设固定点	
4	防火封堵	电缆在穿越楼板或墙体时，采用阻火包和防火堵料进行防火封堵	
5	绑扎标识牌	电缆起点、终点、竖井内、直线段每隔50m处设标识牌	

17.3 控制措施

序号	预控项目	产生原因	预控措施
1	电缆敷设杂乱	（1）桥架内电缆积压。 （2）电缆敷设未规划。 （3）桥架内电缆未绑扎	（1）有规划地敷设电缆，电缆在桥架内尽量不出现交叉现象。 （2）全塑型电力电缆和所有规格控制电缆绑扎点间距不大于1m，非全塑型电力电缆绑扎点间距不大于1.5m。 （3）电缆的首端、末端和分支处应设标识牌
2	导线在电缆桥架内有接头	未准确测定电缆路由、确定电缆长度	导线不得在电缆桥架内接头
3	桥架内电缆采用BV线绑扎	施工交底及质量管控不到位	（1）垂直敷设的电缆应敷设一根绑扎一根（可用临时绑扎带）。 （2）电缆全部敷设完成后要每隔2m绑扎一道，用尼龙扎带或阻燃尼龙绳绑扎

17.4 技术交底

17.4.1 施工准备

1. 材料准备

电缆、金属型钢、金属紧固件、盖板、砖、卵石或碎石、砂子、防锈涂料、油性涂料、电焊条、标识牌等。

2. 主要机具

（1）主要安装机具：敷设电缆用支架及轴、电缆滚轮、转向导轮、吊链、滑轮、钢丝绳、大麻绳、千斤顶、钢锯、手锤、扳手、电缆弯曲扳手、电气焊工具、电工工具、高凳等。

（2）主要检测机具：兆欧表、皮尺、万用表等。

3. 作业条件

（1）电缆支架安装前，应先清除电缆沟、电气竖井内的施工临时设施，并应对支架进行测量定位。

（2）焊接施工作业应已完成，检查电缆支架、导管、槽盒安装质量应合格。

（3）导管或槽盒与柜、台、箱应已完成连接，导管内积水及杂物应已清理干净。

（4）电缆沟、电缆竖井等处的地坪及抹面工作结束，电缆沟排水畅通，无积水。

（5）沿线设施拆除完毕，场地清理干净，道路畅通，沟盖板齐备。

17.4.2 操作工艺

1. 工艺流程

电缆绝缘测试→梯架、托盘和槽盒内电缆敷设→挂标识牌。

2. 操作要点

1）电缆绝缘测试

（1）绝缘测试：电缆绝缘测量宜采用 2500V 兆欧表，6/6kV 及以上电缆也可用 5000V 兆欧表，橡塑电缆外护套、内衬层的绝缘电阻不应低于 0.5MΩ/km。

（2）纸绝缘电缆应检查芯线是否受潮。将芯线绝缘纸剥下一块，用火点着，如发出“叭叭”声，即电缆已受潮。

（3）受检油浸纸绝缘电缆应立即用焊料（铅锡合金）把电缆头封好。其他电缆用橡皮布密封后再用黑包布包好，橡塑护套电缆应有防晒措施。

2）梯架、托盘和槽盒内电缆敷设

（1）施放电缆机具安装。采用机械施放时，将动力机械按施放要求就位，并安装好钢丝。

（2）电缆搬运及支架架设，应符合以下要求：短距离搬运，常规采用滚轮电缆轴的方法，运行应与电缆轴上箭头指示方向一致，以防电缆松弛。电缆盘应轻装轻卸，不应平放运输。电缆支架的架设地点应选择便于施工的位置，一般应在电缆起止点附近，架设应牢固。架设后，检查电缆轴的转动方向，电缆引出端应位于电缆轴的上方。

（3）敷设方法可用人力或机械牵引。

（4）敷设前需将电缆事先排列好，画出排列图表，按图表进行施工，不应交叉，拐弯处应以最大截面电缆允许弯曲半径为准。敷设过程中，应敷设一根、卡固一根。

（5）不同等级电压的电缆应分层敷设，层间最小距离不应小于相关规定，高压电缆应敷设在上层。

（6）在梯架、托盘或槽盒内大于45° 倾斜的电缆应每隔2m固定。水平敷设的电缆，首尾两端、转弯两侧及每隔5 ~ 10m处应设固定点。

（7）电缆出入电缆梯架、托盘、槽盒及配电（控制）柜、台、箱、盘处应作固定。

3）挂标识牌

（1）标识牌规格应一致，并有防腐功能，挂装应牢固。

（2）标识牌上应注明电缆编号、规格、型号及电压等级。

（3）沿梯架、托盘和槽盒敷设电缆，在其两端、拐弯处、分支处应挂标识牌，直线段每隔 50m 应设标识牌。

17.4.3 质量标准

1. 主控项目

（1）金属电缆支架必须与保护导体可靠连接。

（2）电缆敷设不得存在绞拧、铠装压扁、护层断裂和表面严重划伤等缺陷。

（3）当电缆敷设存在可能受到机械外力损伤、振动、浸水及腐蚀性或污染物质等损害时，应采取防护措施。

（4）除设计要求外，并联使用的电力电缆的型号、规格、长度应相同。

（5）交流单芯电缆或分相后的每相电缆不得单根独穿于钢导管内，固定用的夹具和支架不应形成闭合磁路。

（6）当电缆穿过零序电流互感器时，电缆金属护层和接地线应对地绝缘。对穿过零序电流互感器后制作的电缆头，其电缆接地线应回穿互感器后接地；对尚未穿过零序电流互感器的电缆接地线应在零序电流互感器前直接接地。

（7）电缆的敷设和排列布置应符合设计要求，矿物绝缘电缆敷设在温度变化大的场所、振动场所或穿越建筑物变形缝时应采取 S 或 Ω 弯。

2. 一般项目

1）电缆支架安装应符合下列规定：

（1）除设计要求外，承力建筑钢结构构件上不得熔焊支架，且不得热加工开孔。

（2）当设计无要求时，电缆支架层间最小距离不应小于规范规定，层间净距不应小于 2 倍电缆外径加 10mm，35kV 电缆不应小于 2 倍电缆外径加 50mm。

（3）最上层电缆支架距构筑物顶板或梁底的最小净距应满足电缆引接至上方配电柜、台、箱、盘时电缆弯曲半径的要求；距其他设备的最小净距不应小于 300mm，当无法满足要求时应设置防护板。

2）电缆敷设应符合下列规定：

（1）电缆的敷设排列应顺直、整齐，并宜少交叉。

（2）电缆转弯处的最小弯曲半径应符合规定。

（3）在电缆沟或电气竖井内垂直敷设或大于 45° 倾斜敷设的电缆应在每个支架上固定。

（4）在梯架、托盘或槽盒内大于 45° 倾斜敷设的电缆应每隔 2m 固定，水平敷设的电缆，首尾两端、转弯两侧及每隔 5 ~ 10m 处应设固定点。

（5）电缆出入电缆梯架、托盘、槽盒及配电（控制）柜、台、箱、盘处应作固定。

（6）当电缆通过墙、楼板或室外敷设穿导管保护时，导管的内径不应小于电缆外径的 1.5 倍。

17.4.4 成品保护措施

（1）室内沿桥架敷设电缆时，宜在管道及空调工程基本施工完毕后进行，防止其他专业施工时损伤、污染。

（2）电缆两端头处的门窗装好并加锁，防止电缆丢失或损毁。

（3）使用高凳时，注意不应碰坏建筑物的墙面及门窗等。

17.4.5 安全、环保措施

（1）架设电缆盘必须采用有底平面的专用支架，不得用千斤顶代替，地面平实。

（2）拆卸电缆盘包装木板时，应随时清理，防止钉子扎脚或损伤电缆。

（3）敷设电缆时，处于电缆转向拐角的人员，必须站在电缆弯曲弧的外侧，防止挤伤。

（4）人力拉电缆时，看护人员不可站在电缆盘的前方。

（5）机械操作人员应经过培训，掌握相应机械设备的操作要领后方可进行电缆安装、试验等作业，避免因人为原因造成机械设备漏油、设备部件报废、机械设备事故、浪费资源、噪声超标，加大对环境的污染。

18

⑱

导管敷设施工工艺

18.1 电线管明配

18.1.1 施工工艺流程

测量定位 → 预制加工 → 支吊架安装 → 箱盒固定 → 管路敷设 → 跨接接地

18.1.2 施工工艺标准图

序号	施工步骤	工艺要点	效果展示
1	测量定位	根据施工图纸放线，确定管路走向、支吊架及箱盒安装位置	
2	预制加工	根据管路走向加工支吊架、管件及管弯	
3	支吊架安装	根据放线位置安装支吊架。安装时先固定两端的支吊架，然后拉直线固定中间的支吊架	
4	箱盒固定	将箱盒固定于正确的位置上。管与箱盒连接时，在箱盒进出管侧300mm 处设支架固定	
5	管路敷设	用与管径相匹配的管卡把导管固定于支架上，长距离管路用连接件或接线盒连接，导管间距符合规范要求	

续表

序号	施工步骤	工艺要点	效果展示
6	跨接接地	（1）非镀锌钢导管采用螺纹连接时，连接处两端焊接接地线；镀锌钢导管采用螺纹连接时，连接处两端用专用接地卡跨接接地线。 （2）线管与线盒、箱、柜连接处必须跨接地线，采用专用接地管卡跨接，接地线使用铜芯软导线时，截面积不小于 $4mm^2$	

18.2 墙体二次配管

18.2.1 施工工艺流程

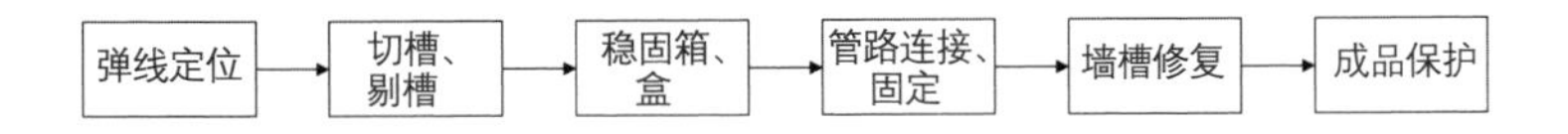

18.2.2 施工工艺标准图

序号	施工步骤	工艺要点	效果展示
1	弹线定位	根据建筑 1m 线引出安装高度控制线，根据设计图纸标出箱、盒位置；用双线画出管道走向，线路应以竖直线或不小于 60° 斜线为主	
2	切槽、剔槽	用专用切割机将双线内切成网状，后用錾子沿槽内边剔槽。严禁暴力直接剔墙槽	

续表

序号	施工步骤	工艺要点	效果展示
3	稳固箱、盒	（1）剔好孔洞后，将洞中杂物清理干净，用水充分浇湿孔洞。 （2）用强度等级不小于 M10 的水泥砂浆填入洞内，根据 1m 线和灰饼厚度，利用水平尺和卷尺，确定接线盒位置，固定线盒，然后往接线盒四周填补砂浆，砂浆应密实	
4	管路连接、固定	待水泥砂浆凝固后，再接短管入箱、盒，敷设时应沿线槽中线固定	
5	墙槽修复	开槽处挂网并采用强度等级不小于 M10 的水泥砂浆抹面保护，保护层厚度不小于 15mm	
6	成品保护	（1）抹灰前，箱、盒应使用内盖板保护，防止甩浆、抹灰等污染盒、箱。 （2）抹灰前，土建应在管线开槽处挂网。 （3）剔槽完毕、箱盒固定、配管等工序完成后即时工完场清	

18.3 电动机配管

18.3.1 施工工艺流程

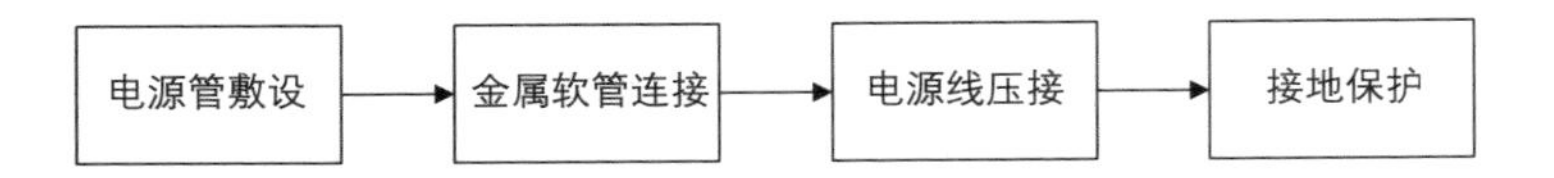

18.3.2 施工工艺标准图

序号	施工步骤	工艺要点	效果展示
1	电源管敷设	根据电动机接线盒位置敷设电源管，成排电动机接线盒同向排列。电源管敷设在靠近接线盒方向，管口距地面高度不小于 300mm，低于电动机接线盒中心 100 ~ 200mm，室外或潮湿场所管口需安装防水弯头，在距管口 50 ~ 100mm 处焊接接地螺栓	
2	金属软管连接	金属软管管径需与电源管同径，并留有适当余量，两端采用专用接头与金属管、接线盒连接	
3	电源线压接	将电源线穿于金属软管内，正确压接到接线盒内的接线端子上	专用接头 金属软管 接线盒内 接线盒外

续表

序号	施工步骤	工艺要点	效果展示
4	接地保护	电动机底座、金属外壳及电源管与接地干线可靠连接；屋面风机与金属通风管道之间的软连接需作跨接接地	

18.4 控制措施

序号	预控项目	产生原因	预控措施
1	开槽质量差	未使用专用开槽工具	（1）使用开槽机开槽。 （2）严禁采用电锤或人工开槽
2	线管折弯成死弯，穿线困难	（1）弯头过多或弯曲半径超标，影响穿线。 （2）电管随意弯折，未使用专用弯管弹簧	（1）电管敷设中弯头超过3个（直弯为2个）时，必须设置过线盒。 （2）电管弯曲施工，弯曲半径不应小于管外径的6倍（埋地或埋混凝土的电管则不小于10倍），电管弯扁程度不大于电管外径的10%。 （3）电管应使用专用弯簧弯曲
3	线管出桥架方式错误；线管与桥架未跨接	未对进出桥架的线管安装方式明确交底	（1）桥架应从侧面开孔，使用专用接头与线管连接。 （2）接头两侧桥架与线管应可靠跨接。 （3）跨接线与桥架的连接宜采用镀锌螺栓，如为喷塑桥架，应采用爪垫
4	电气配管过变形缝无补偿装置	（1）未核对结构图纸，明确变形缝位置。 （2）交底不明确	应根据规范《建筑电气工程施工质量验收规范》GB 50303—2015要求，对导管在跨越建筑物变形缝设置补偿装置

续表

序号	预控项目	产生原因	预控措施
5	与电机电气接线口连接的金属软管长度超过规范要求	交底及质量管控不到位	（1）刚性导管经柔性导管与电气设备、器具连接。 （2）柔性导管的长度在动力工程中不大于 0.8m。 （3）在照明工程中不大于 1.2m
6	（1）导管使用塑料胶带缠绕连接。 （2）导管与设备直接套接	（1）对导管连接方式未明确交底。 （2）现场管控不到位	（1）导管连接应使用专用接头，接头两端可靠跨接。 （2）与设备连接的软管应做滴水弯。 （3）室外设备管道连接处上方加设防水弯头

18.5 技术交底

18.5.1 施工准备

1. 材料要求

各种类型导管及配件、金属型钢、接线盒（箱）、电焊条、防锈涂料、油性涂料等。

2. 主要机具

（1）主要安装机具：压力案子、摵管器、液压摵管器、液压开孔器、套丝机、扣压器、砂轮锯、无齿锯、钢锯、刀锯、扁锉、半圆锉、圆锉、鱼尾钳、活扳手、弯管弹簧、剪管器、手电钻、电焊机、可挠金属电线管专用切割刀、专用扳手、手锤、电锤、台钻、高凳、粉线袋等。

（2）主要检测机具：水平尺、角尺、卷尺、磁力线坠、激光标线仪等。

3. 作业条件

（1）布管的部位障碍物已清除干净。

（2）现浇混凝土水平结构内配管，应在底部钢筋组装固定之后进行。现浇混凝土竖向结构内配管，应在钢筋绑扎完毕后进行。

（3）明配管必须在土建抹灰刮完腻子后进行。

（4）预制空心板、装配预制板内配管，应在预制板就位后，配合土建同时进行。

18.5.2 操作工艺

1. 工艺流程

测定盒、箱及固定点位置→管弯、支架、吊架预制加工→支、吊架固定→盒箱固定→导管敷设和连接→变形缝处理→接地跨接线安装。

2. 操作要点

1）测定盒、箱及固定点位置：根据设计首先测出盒、箱与出线口等的准确位置；根据测定的盒、箱位置，把管路的垂直、水平走向弹出线来，根据明配管固定点最大距离，计算确定支架、吊架的具体位置；导管采用支吊架固定，圆钢直径不得小于 8mm，并应设置防晃支架，在距离盒（箱）、分支处或端部 0.3 ~ 0.5m 处应设置固定支架。

2）管弯、支架、吊架预制加工：管弯的加工方法可采用冷揻法和热揻法，支架、吊架应按设计图要求进行加工。支架、吊架的规格设计无规定时，应不小于以下要求：扁钢支架 30mm × 3mm；角钢支架 25mm × 25mm × 3mm；圆钢直径不得小于 8mm，并应设置防晃支架；埋注支架应有燕尾，埋注深度应不小于 120mm。

3）支架、吊架的固定方法：胀管法、木砖法、预埋铁件焊接法、稳注法、剔注法、抱箍法。

4）盒、箱固定：由地面引出管路至自制明装箱时，可直接焊在角钢支架上，采用定型盘、箱时，需在盘、箱下侧 100 ~ 150mm 处加稳固支架，将管固定在支架上。盒、箱安装应牢固、平整，开孔整齐并与管径相吻合。铁制盒、箱严禁用电气焊开孔。

5）导管敷设和连接

（1）导管敷设：水平或垂直敷设明配管允许偏差值，管路在 2m 以内时，允许偏差为 3mm，全长不应超过管子内径的 1/2。

（2）检查管路是否畅通，内侧有无毛刺，镀锌层或防锈漆是否完整无损，管子不顺直者应调直。

（3）敷管时，先将管卡一端的螺栓拧紧一半，然后将管敷设在管卡内，逐个拧牢。使用钢制支架时，可将钢管固定在支架上，不许将钢管焊接在其他管道上。

6）管路与设备连接：

应将钢管敷设到设备内，如不能直接进入时，应符合下列要求：

（1）在干燥房屋内，可在钢管出口处加保护软管引入设备，管口应包扎严密。

（2）在室外或潮湿房间内，可在管口处装设防水弯头引出的导线应套绝缘保护软管，经弯成防水弧度后再引入设备。

（3）管口距地面高度一般不宜低于 200mm。

7）吊顶内、护墙板内管路敷设，应符合下列要求：

（1）会审时应与通风暖卫等专业协调并绘制大样图，经审核无误后，在顶板或地面进行弹线定位。

如吊顶是有格块线条的，灯位必须按格块分均，护墙板内配管应按设计要求，测定盒、箱位置，弹线定位。

（2）灯位测定后，用不少于 2 个螺栓把灯头盒固定牢。如有防火要求，可用防火布或其他防火措施处理灯头盒。无用的敲落孔不应敲掉，已脱落的应补好。

（3）管路应敷设在主龙骨的上边，管入盒、箱必须揻灯叉弯，并应里外带锁紧螺母。采用内护口时，管进盒、箱深度以内锁紧螺母平为准。

（4）固定管路时，直径 25mm 以上和成排管路应单独设支架。

（5）管路敷设应牢固、畅顺，禁止做拦腰管或绊脚管。

（6）吊顶内灯头盒至灯位可采用阻燃型普利卡金属软管过渡，长度不宜超过 1m。其两端应使用专用接头。吊顶内各种盒、箱的安装，盒箱口的方向应朝向检查口，以利于维修检查。

18.5.3 质量标准

1. 主控项目

金属导管应与保护导体可靠连接，并应符合下列规定：

（1）镀锌钢导管、可弯曲金属导管和金属柔性导管不得熔焊连接。

（2）当非镀锌钢导管采用螺纹连接时，连接处的两端应熔焊焊接保护联结导体。

（3）镀锌钢导管、可弯曲金属导管和金属柔性导管连接处的两端宜采用专用接地卡固定保护联结导体。

（4）机械连接的金属导管，管与管、管与盒（箱）体的连接配件应选用配套部件，其连接应符合产品技术文件要求，当连接处的接触电阻值符合现行国家标准《电缆管理用导管系统 第 1 部分：通用要求》GB/T 20041. 1 的相关要求时，连接处可不设置保护联结导体，但导管不应作为保护导体的接续导体。

（5）金属导管与金属梯架、托盘连接时，镀锌材质的连接端宜用专用接地卡固定保护联结导体，非镀锌材质的连接处应熔焊焊接保护联结导体。

（6）以专用接地卡固定的保护联结导体应为铜芯软导线，截面积不应小于 4mm^2；以熔焊焊接的保护联结导体宜为圆钢，直径不应小于 6mm，其搭接长度应为圆钢直径的 6 倍。

2. 一般项目

1）导管的弯曲半径应符合下列规定：

（1）明配导管的弯曲半径不宜小于管外径的 6 倍，当两个接线盒间只有一个弯曲时，其弯曲半径不宜小于管外径的 4 倍。

（2）埋设于混凝土内的导管的弯曲半径不宜小于管外径的 6 倍，当直埋于地下时，其弯曲半径不宜小于管外径的 10 倍。

（3）电缆导管的弯曲半径不应小于电缆最小允许弯曲半径，电缆最小允许弯曲半径应符合标准规定。

2）明配的电气导管应符合下列规定：

（1）导管应排列整齐，固定点间距均匀，安装牢固。

（2）在距终端、弯头中点或柜、台、箱、盘等边缘 150 ~ 500mm 范围内应设有固定管卡，中间直线段固定管卡间的最大距离应符合规定。

（3）明配管采用的接线或过渡盒（箱）应选用明装盒（箱）。

检查数量：按每个检验批的导管固定点或盒（箱）的总数各抽查 20%，且各不得少于 1 处。

3）导管敷设应符合下列规定：

（1）导管穿越外墙时应设置防水套管，且应做好防水处理；钢导管或刚性塑料导管跨越建筑物变形缝处应设置补偿装置。

（2）除埋设于混凝土内的钢导管内壁应作防腐处理，外壁可不作防腐处理外，其余场所敷设的钢导管内、外壁均应作防腐处理。

（3）导管与热水管、蒸汽管平行敷设时，宜敷设在热水管、蒸汽管的下面，当有困难时，可敷设在其上面；相互间的最小距离宜符合规定。

18.5.4 成品保护措施

（1）敷设管路时，保持墙面、顶棚、地面的清洁完整。修补铁件油漆时，不得污染建筑物。

（2）施工用移动脚手架时，不得碰撞墙、角、门、窗；移动脚手架应安装有轮子，既防划伤地板，又防滑倒。

（3）现浇混凝土楼板上配管时，不应踩坏钢筋，土建浇筑混凝土时，应留专人看守，以免振捣时损坏配管及盒、箱移位。遇有管路损坏时，及时修复。

（4）管路敷设完毕后注意成品保护，特别是在现浇混凝土结构施工中，应派电工看护，以防管路移位或受机械损伤。在合模和拆模时，管路不应移位、砸扁或踩坏。

（5）在混凝土板、加气板上剔洞时，不应剔断钢筋。剔洞时应先用钻打孔，再扩孔，不允许用大锤由上面砸孔洞。

（6）剔槽不得过大、过深或过宽。预制梁柱和应力楼板均不得随意剔槽打洞。混凝土楼板、墙等均不得私自断筋。

（7）明配管路及电气器具时，应保持顶棚、墙面及地面的清洁完整。搬运材料和使用高凳等机具时，不得碰坏门窗、墙面等。电气、照明器具安装完后不应再喷浆。

（8）吊顶内稳盒配管时，不应踩坏龙骨。严禁踩电线管行走，刷防锈漆不得污染墙面、吊顶或护墙板等。

（9）其他专业在施工中，注意不得碰坏电气配管。严禁私自改动电线管及电气设备。

18.5.5 安全、环保措施

1）使用切割机时，首先检查防护罩是否完整，后部严禁有易燃易爆物品，切割机不得代替砂轮磨物，严禁用切割机切割麻丝和木块。

2）热揻管时，首先应检查煤炭中有无爆炸物，砂子要烘干，以防爆炸，灌砂台搭设牢固，以防倒塌伤人。

3）剔槽打洞时，锤头不得松动，凿子应无卷边、裂纹，应戴好防护眼镜。

4）油漆、涂料在倾倒、作业过程中发生遗洒，必须及时清理干净。油漆、涂料用完后，将容器交回现场仓库，统一由厂家回收。施工剩余的油漆、涂料，应送回仓库妥善保管。

5）沾染稀释油类涂料的棉纱、棉布、刷子及废弃的油漆、胶、砂纸等应全部收集存放在有毒有害垃圾池内。

6）剔凿出的垃圾应及时清理，堆放在指定地点。

7）套丝作业采用手动及电动套丝机械，操作时应满足以下要求：

（1）套丝机械必须安放在镀锌薄钢板托盘内，防止作业时润滑油、铁屑等污染地面，同时润滑油可以回收并重复利用。

（2）加工件套丝完成后，应在镀锌薄钢板托盘内将加工端所附润滑油滴控净，并用棉纱擦干，防止油污染地面。

19

⑲

导管内穿线施工工艺

19.1 施工工艺流程

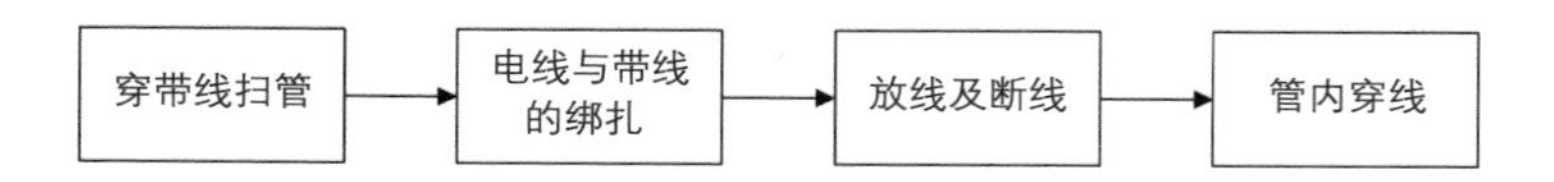

19.2 施工工艺标准图

序号	施工步骤	工艺要点	效果展示
1	穿带线扫管	（1）采用钢丝或穿线器进行扫管、穿引线疏通。 （2）疏通结果做好记录，如有错埋、漏埋、偏位等需砸墙问题，不得擅自处理，必须征得土建同意统一处理	
2	电线与带线的绑扎	（1）导线根数较少时，例如 2 ~ 3 根导线，可将导线前端的绝缘层削去，然后将线芯直接插入带线的盘圈内并折回压实，绑扎牢固，使绑扎处形成一个平滑的锥形过渡部位，便于穿线。 （2）当导线根数较多或导线截面较大时，可将导线前端的绝缘层削去，然后将线芯斜错排列在带线上，用绑线缠绕绑扎牢固，使绑扎接头处形成一个平滑的锥形过渡部位，便于穿线	
3	放线及断线	1）放线： （1）放线前应根据施工图对导线的规格、型号进行核对。 （2）放线时导线应置于放线架或放线车上。	

续表

序号	施工步骤	工艺要点	效果展示
3	放线及断线	2）断线： 剪断导线时，导线的预留长度应符合以下要求： （1）接线盒、开关盒、插销盒及灯头盒内导线的预留长度应为150mm。 （2）配电箱内导线的预留长度应为配电箱体周长的1/2。 （3）出户导线的预留长度应为1.5m。 （4）公用导线在分支处，可不剪断导线而直接穿过	
4	管内穿线	（1）钢管（电线管）在穿线前，应首先检查各个管口的护口是否齐整，如有遗漏和破损，均应补齐和更换。 （2）当管路较长或转弯较多时，要在穿线的同时往管内吹入适量的滑石粉。 （3）两人穿线时，应配合进行	

19.3 控制措施

序号	预控项目	产生原因	预控措施
1	导线的三相、零线、接地保护线、控制线颜色混淆	（1）不注意穿线过程。 （2）随便使用导线。 （3）颜色不分	（1）相线使用红、黄、绿色，且一个回路中每一相只能使用同一种颜色，每一个回路中各相线选择不同颜色。 （2）零线使用淡蓝色。 （3）地线使用黄绿相间色。 （4）灯具控制线使用白色或古铜色

续表

序号	预控项目	产生原因	预控措施
2	接线盒处电线预留长度过多	交底不明确	一般情况下，接线盒内电线预留长度不应超过 20cm

19.4 技术交底

19.4.1 施工准备

1. 材料准备

电线、镀锌钢丝或钢丝、护口、套管、焊锡、焊剂、橡胶绝缘带等。

2. 主要机具

（1）主要机具：克丝钳、尖嘴钳、剥线钳、压接钳、电炉、锡锅、锡勺、电烙铁、放线架、电工刀、高凳等。

（2）主要检测机具：万用表、兆欧表、卷尺等。

3. 作业条件

（1）焊接施工作业应已完成，检查导管、槽盒安装质量应合格。

（2）导管或槽盒与柜、台、箱应已完成连接，导管内积水及杂物应已清理干净。

19.4.2 操作工艺

1. 工艺流程

穿带线扫管→电线与带线的绑扎→带护口→放线及断线→管内穿线→槽盒内敷线→导线连接→导线焊接→导线包扎→线路检查及绝缘摇测。

2. 操作要点

1）穿带线扫管

（1）穿带线的目的是检查管路是否畅通，管路的走向及盒、箱的位置是否符合设计及施工图的要求。

（2）穿带线的方法：带线一般均采用直径 1.2 ~ 2mm 的钢丝。先将钢丝的一端弯成不封口的圆圈，再利用穿线器将带线穿入管路内，在管路的两端均应留有 100 ~ 150mm 的余量。在管路较长或转弯较多时，可以在敷设管路的同时将带线一并穿好。穿带线受阻时，应用两根钢丝同时搅动，使两根钢丝的端头互相钩绞在一起，然后将带线拉出。阻燃型塑料波纹管的管壁呈波纹状，带线的端头要弯成圆形。

（3）清扫管路：将布条的两端牢固地绑扎在带线上，两人来回拉动带线，将管内杂物清净。

2）电线与带线的绑扎

（1）当导线根数较少时，例如 2 ~ 3 根导线，可将导线前端的绝缘层削去，然后将线芯直接插入带线的盘圈内并折回压实，绑扎牢固，使绑扎处形成一个平滑的锥形过渡部位，便于穿线。

（2）当导线根数较多或导线截面较大时，可将导线前端的绝缘层削去，然后将线芯斜错排列在带线上，用绑线缠绕绑扎牢固，使绑扎接头处形成一个平滑的锥形过渡部位，便于穿线。

3）放线及断线

（1）放线前应根据施工图对导线的规格、型号进行核对。放线时导线应置于放线架或放线车上。

（2）剪断导线时，导线的预留长度应符合以下要求：

接线盒、开关盒、插销盒及灯头盒内导线的预留长度应为

150mm。

配电箱内导线的预留长度应为配电箱体周长的 1/2。

出户导线的预留长度应为 1.5m。

公用导线在分支处，可不剪断导线而直接穿过。

4）管内穿线

钢管（电线管）在穿线前，应首先检查各个管口的护口是否齐整，如有遗漏和破损，均应补齐和更换。当管路较长或转弯较多时，要在穿线的同时往管内吹入适量的滑石粉。

两人穿线时，应配合进行。穿线时应注意下列问题：

（1）同一交流回路的导线必须穿于同一管内。

（2）不同回路、不同电压和交流与直流的导线，不得穿入同一管内，但以下几种情况除外：额定电压为 50V 以下的回路；同一设备或同一流水作业线设备的电力回路和无特殊防干扰要求的控制回路；同一花灯的几个回路；同类照明的几个回路，但管内的导线总数不应多于 8 根，防止发生短路故障和干扰。

（3）导线在变形缝处，补偿装置应活动自如。导线应留有一定的余度。

（4）敷设于垂直管路中的导线，当超过下列长度时，应在管口处和接线盒中加以固定：截面积为 50mm^2 及以下的导线为 30m；截面积为 70 ~ 95mm^2 的导线为 20m；截面积在 180 ~ 240mm^2 之间的导线为 18m。

19.4.3 质量标准

1. 主控项目

（1）同一交流回路的绝缘导线不应敷设于不同的金属槽盒内或

穿于不同金属导管内。

（2）除设计要求以外，不同回路、不同电压等级和交流与直流的电线，不应穿于同导管内。

（3）绝缘导线接头应设置在专用接线盒（箱）或器具内，不得设置在导管和槽盒内，盒（箱）的设置位置应便于检修。

2. 一般项目

（1）除塑料护套线外，绝缘导线应采取导管或槽盒保护，不可外露明敷。

（2）绝缘导线穿管前，应清除管内杂物和积水，绝缘导线穿入导管的管口在穿线前应装设护线口。

（3）与槽盒连接的接线盒（箱）应选用明装盒（箱）；配线工程完成后，盒（箱）盖板应齐全、完好。

（4）当采用多相供电时，同一建（构）筑物的绝缘导线绝缘层颜色应一致。

19.4.4 成品保护措施

（1）穿线时不得污染设备和建筑物品，应保持周围环境清净。

（2）使用高凳及其他工具时，不应碰坏设备和门窗、墙面、地面等。

（3）在接、焊、包全部完成后，应将导线的接头盘入盒、箱内，并用纸封堵严实，以防污染。同时应防止盒、箱内进水。

（4）穿线时不得遗漏带护线套管或护口。

19.4.5 安全、环保措施

（1）登高设施应牢固，下端应有防滑措施，通道处应有人监护或设置围栏。单面梯子与地面夹角以 60° ~ 70° 为宜，人字梯应在距梯脚 400 ~ 600mm 处设拉绳，不准站在梯子最上层工作。

（2）使用焊锡锅时，严禁将冷勺或水置入锅内，防止爆炸，飞溅伤人。熔化焊锡、锡块时工具应干燥，防止爆溅。

（3）铝导线采用电阻焊时，必须戴护目镜和手套，防止电弧光伤眼及烫伤。

（4）扫管、穿线时要防止钢丝回弹伤人。两人穿线时应协调一致，不得用力过猛。

（5）废瓷夹、瓷柱、瓷瓶、芯线、绝缘带、套管连接器、压模，电线的包装物和施工中产生的电线头及绝缘物等不得随地乱丢，应分类回收、集中处理。

（6）在建筑结构上打孔眼时，应戴好防护眼镜。楼板砖墙打透眼时，板下、墙后不得有人靠近。打洞时产生的建筑垃圾应及时清理，并运至指定地点。

（7）施工中的安全技术措施，应符合国家现行技术标准及技术文件的相关规定。

20

⑳ 电缆头制作施工工艺

20.1 施工工艺流程

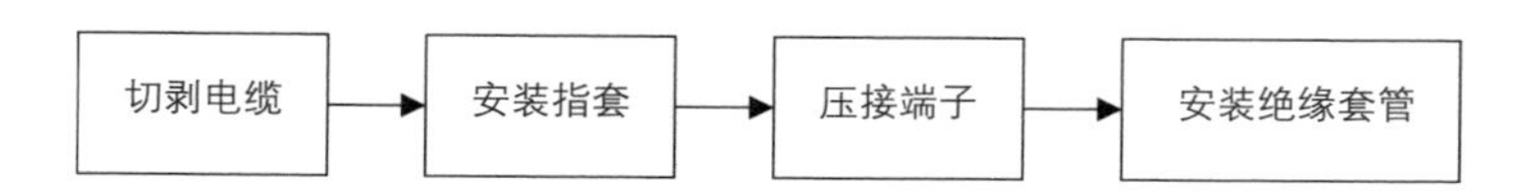

20.2 施工工艺标准图

序号	施工步骤	工艺要点	效果展示
1	切剥电缆	根据配电箱、柜内开关、零排、地排的安装位置，确定切割电缆头长度，再切除电缆保护层	
2	安装指套	将对应电缆截面的热缩指套套至电缆分支的根部，并向下压紧，在电缆分支根部加热指套。指套与电缆间缝隙用密封胶密封	
3	压接端子	根据端子深度切除相应长度的电缆绝缘层，将端子套入线芯，用电缆压线钳压接端子，端子压接位置不少于 3 处	
4	安装绝缘套管	选取与切剥电缆长度一致的绝缘套管，将绝缘套管按相色套至每根电缆分支的根部；自下而上均匀加热绝缘套管	

20.3 控制措施

序号	预控项目	产生原因	预控措施
1	电缆皮剥除太长	作业人员操作不熟练	加强交底，样板引路
2	电缆头压接不紧密	压接方式有误	施工前加强对作业人员的交底

20.4 技术交底

20.4.1 施工准备

1. 材料要求

（1）非矿物绝缘电缆：电缆终端头、电缆中间头、电缆绝缘胶、环氧树脂胶、接地线、各种绝缘带等。

（2）矿物绝缘电缆：终端封套、接地铜片、终端密封罐、终端接线端子、中间连接器、中间连接端子（中接端子）、密封填料、热缩套管、瓷套管等。

2. 主要机具

（1）主要机具：油压压线钳、喷灯、铁壶、铝壶、搪瓷盘、铝锅、铁勺、漏勺、手套、漏斗、电炉子、钢锯、钢丝刷、温度计、剪刀、钢卷尺、扳手、锉刀、电烙铁、克丝钳、螺钉旋具、台钻、电焊机、电锤、滑车、气焊工具、铜皮剥切器、铜皮切割器、封罐压合器。

（2）主要检测工具：摇表、万能表、试铃、温度计、试验仪器等。

3. 作业条件

（1）电缆头制作应选择无风晴朗的天气，温度在5℃以上、相对湿度70%以下。

（2）电缆连接位置、连接长度和绝缘测试经检查确认，才能制作电缆头。

（3）控制电缆绝缘电阻测试和校线合格，方能接线。

（4）电线、电缆交接试验和相位核对合格，方能接线。

20.4.2 操作工艺

1. 工艺流程

剥切→套管口→套应力管→套手套→压接接线端子。

2. 操作工艺

1）按设计规定的尺寸，剥去外护套及钢铠，清净铅包表面，焊接地线。应确保刀切铅包口平整、光滑。

2）套应力管：

（1）套应力管，距剖铅口 60 ~ 80mm，加热收缩，取少许耐油填充胶尽量往下塞入三叉处。

（2）拉伸耐油填充胶带在应力管下端，它和剖铅口之间绕成苹果状，与铅包搭接 5mm，最大直径为铅包外径加 15mm，将导电胶带绕于填充和铅包间各重叠约 20mm。

3）套手套：

（1）手套安装应尽量往下套入三只手套，确保与铅包重叠不少于 70mm，从中部开始先向下后向上加热收缩。

（2）三相同时套入绝缘管，至三只手套根部，涂胶端朝下，从下向上加热收缩。

（3）根据支架承受的荷重，选择相应的膨胀螺栓及钻头；埋好螺栓后，可用螺母配上相应的垫圈将支架或吊架直接固定在金属膨胀螺栓上。

4）安装接线端子：将电缆导线弯曲至设备接线处，量出铜接线端子与导线连接的位置，锯断多余导线，然后用液压钳将接线端子压接牢固。

20.4.3 质量标准

1. 主控项目

（1）电力电缆通电前应按现行国家标准《电气装置安装工程 电气设备交接试验标准》GB 50150 的规定进行耐压试验，并应合格。

（2）低压或特低电压配电线路线间和线对地间的绝缘电阻测试电压及绝缘电阻值不应小于相关标准的规定，矿物绝缘电缆线间和线对地间的绝缘电阻应符合国家现行有关产品标准的规定。

（3）电力电缆的铜屏蔽层和铠装护套及矿物绝缘电缆的金属护套和金属配件应采用铜绞线或镀锡铜编织线与保护导体作连接。当铜屏蔽层和铠装护套及矿物绝缘电缆的金属护套和金属配件作保护导体时，其连接导体的截面积应符合设计要求。

2. 一般项目

1）电缆头应可靠固定，不应使电器元器件或设备端子承受额外应力。

2）导线与设备或器具的连接应符合下列规定：

（1）截面积在 $10mm^2$ 及以下的单股铜芯线和单股铝/铝合金芯线可直接与设备或器具的端子连接。截面积在 $2.5mm^2$ 及以下的多芯铜芯线应接续端子或拧紧搪锡后再与设备或器具的端子连接。

（2）截面积大于 $2.5mm^2$ 的多芯铜芯线，除设备自带插接式端子外，应接续端子后与设备或器具的端子连接；多芯铜芯线与插接式端子连接前，端部应拧紧搪锡。

（3）多芯铝芯线应接续端子后与设备、器具的端子连接，多芯铝芯线接续端子前应去除氧化层并涂抗氧化剂，连接完成后应清除干净。

（4）每个设备或器具的端子接线不多于 2 根导线或 2 个导线端子。

3）截面积 $6mm^2$ 及以下铜芯导线间的连接应采用导线连接器或缠绕搪锡连接，并应符合下列规定：

（1）导线连接器应符合现行国家标准《家用和类似用途低压电路用的连接器件》GB/T 13140 的相关规定，并应符合下列规定：导线连接器应与导线截面相匹配；单芯导线与多芯软导线连接时，多芯软导线宜作搪锡处理；与导线连接后不应明露线芯。

（2）采用机械压紧方式制作导线接头时，应使用确保压接力的专用工具。

（3）多尘场所的导线连接应选用 IPX5 及以上的防护等级连接器；潮湿场所的导线连接应选用 IPX5 及以上的防护等级连接器。

（4）导线采用缠绕搪锡连接时，连接头缠绕搪锡后应采取可靠绝缘措施。

20.4.4 成品保护措施

（1）制作电缆头时，对易损件应轻拿轻放，小心操作，防止碰坏电缆头的瓷套管等易损件。

（2）紧固电缆头的各处螺栓时，防止用力过猛损坏部件。

（3）起吊电缆头前，应将防扭抱箍安装好，并备有保护绳，以免损伤电缆和碰坏磁套管，固定电缆时应垫好橡皮或镀锌薄钢板。

（4）灌注绝缘胶时，不许触动电缆头有关部件。

（5）电缆头制作完毕后，立即安装、固定，送电运行，暂不能送电或有其他作业时，对电缆头加木箱给予保护，防止砸、碰。

20.4.5 安全、环保措施

（1）使用电气设备、电动工具应有可靠的保护接地（接零）措施。

（2）热缩电缆头制作，加热时周围应无易燃易爆物品，并配置适宜的消防器材。

（3）包装物品应及时分类集中处理。

（4）气瓶存放点应距离明火 10m 以上，挪动时不得碰撞。氧气瓶与可燃气瓶间距不得小于 5m。

（5）制作塑料绝缘电力电缆头时，应采取围护措施，防止尘埃、杂物落入绝缘皮内；应在干燥环境内施工，严禁在雨雾天气施工。

（6）电缆线芯连接时，应清除线芯和连接管内壁油污及氧化层，产生的废弃物统一回收、集中处理；锡焊连接铜芯应使用中性锡膏，防止烧伤绝缘皮。

（7）电缆头制作所涉及的自粘性橡胶带、热收缩制品、硅橡胶、乙丙橡胶制品、黑玻璃丝带、聚氯乙烯带、聚四氟乙烯带、环氧浇铸剂等材料应在室内妥善保管；使用时现场通风良好，2m 内无易燃物，使用专用铁槽防止遗洒；报废和剩余材料应统一回收、集中处理。

21

㉑ 开关、插座安装施工工艺

21.1 施工工艺流程

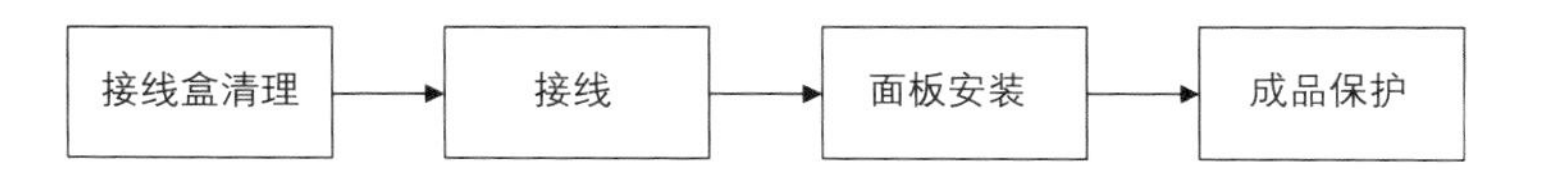

21.2 施工工艺标准图

序号	施工步骤	工艺要点	效果展示
1	接线盒清理	用毛刷等工具清理盒内杂物，清理时不能损坏线盒、污染墙面	
2	接线	梳理每根电线，用剥线钳剥掉适宜长度的绝缘皮，采用缠绕法并头连接，搪锡后用与线色标相同的绝缘胶布包缠，且缠绕不少于 3 圈	
3	面板安装	接线相序正确，端子拧紧，紧贴墙面	
4	成品保护	面板用塑料薄膜包裹，应严密、平整	

21.3 控制措施

序号	预控项目	产生原因	预控措施
1	线盒清理	现场管控不到位	（1）拆模后应及时清理线盒。 （2）刷防锈漆，防锈漆应均匀
2	安装高度、平整度不一致	预留预埋线盒固定水平度把控不到位；各专业各自施工、不统一	（1）预留预埋过程中应严格控制线盒标高。 （2）做好面板点位排布工作，各专业统一要求底平
3	线盒与其他点位冲突	点位规划不合理	（1）应提前对房间内强弱电面板、散热器、太阳能水箱、燃气等部件点位进行规划。 （2）强电与电话、数据面板间距不小于 0.2m，与电视面板间距不小于 0.5m，与燃气管道间距不小于 0.3m。 （3）其他部件间应规划合理、不冲突
4	裸铜线外露	剥线过长	根据接线端子合理控制剥线长度

21.4 技术交底

21.4.1 施工准备

1. 材料要求

开关、插座、塑料（台）板、辅助材料等。

2. 主要机具

（1）安装机具：一字形和十字形螺钉旋具、圆头锤、电工刀、钢锯、钢丝钳、剥线钳、压接钳、电笔、锡锅。

（2）检测工具：万用表。

3. 作业条件

（1）导线绝缘电阻测试合格。

（2）顶棚和墙面的喷浆、油漆或壁纸等已完工。

21.4.2 操作工艺

1. 工艺流程

接线盒清理→接线→开关插座安装。

2. 操作要点

1）开关插座安装之前，将预埋接线盒内残存的灰块、杂物剔除干净，再用湿布将盒内灰尘擦净。

2）单相双孔插座接线，应符合以下规定：

（1）横向安装时，面对插座的右极接线柱应接相线，左极接线柱应接中性线。

（2）竖向安装时，面对插座的上极接线柱应接相线，下极接线柱应接中性线。

3）单相三孔及三相四孔插座接线，应符合以下规定：

（1）单相三孔插座接线时，面对插座上孔的接线柱应接保护接地线，面对插座的右极接线柱应接相线，左极接线柱应接中性线。

（2）三相四孔插座接线时，面对插座上孔的接线柱应接保护地线，下孔极和左右两极接线柱分别接相线。

（3）接地或接零线在插座处严禁串联连接。

4）开关接线，应符合以下要求：

（1）相线必须经开关控制。

（2）扳把开关，应接成扳把向上为开灯，扳把向下为关灯。接线后将开关芯固定在开关盒上，将扳把上的白点（红点）标记朝下面安装。开关的扳把必须安正，严禁卡在盖板上，盖板与开关芯用机螺栓固定牢固，盖板应紧贴建筑物表面。

（3）双联及以上的扳把暗开关，每一联即为一只单独的开关。接线时，应将相线接到开关上与动触点连通的接线柱上。

（4）暗装的开关应采用专用盒。专用盒的四周不应有空隙，盖板应端正，并应紧贴墙面。

5）开关安装，应符合以下规定：

（1）开关位置应便于操作，符合设计要求。

（2）在同一室内的开关，宜采用同一系列的产品，开关的通断位置应一致。

（3）开关位置应是：开关边缘距门框距离宜为 150 ~ 200mm，距地面高度宜为 1300mm。拉线开关距地面高度宜为 2000 ~ 3000mm，且拉线出口应垂直向下。

（4）并列安装的相同型号开关距地面高度应一致，高度差不应大于 1mm。同一室内安装的开关高度差不应大于 5mm。并列安装的拉线开关的相邻间距不宜小于 20mm。

6）插座安装，应符合以下规定：

（1）插座标高应符合设计要求。

（2）落地式插座应具有保护盖板。落地式插座与地面齐平，盖板固定牢固、密封良好。

（3）同一室内安装的插座高度差不宜大于 5mm；并列安装的相同型号的插座高度差不宜大于 1mm。

（4）明装插座必须安装在塑料台上，位置应垂直、端正，用木螺栓固定牢固。

（5）暗装插座应用专用盒，盖板应端正，紧贴墙面。

21.4.3 质量标准

1. 主控项目

1）当交流、直流或不同电压等级的插座安装在同一场所时，应有明显的区别，插座不得互换；配套的插头应按交流、直流或不同电压等级区别使用。

2）不间断电源插座及应急电源插座应设置标识。

3）插座接线应符合下列规定：

（1）对于单相两孔插座，面对插座的右孔或上孔应与相线连接，左孔或下孔应与中性导体（N）连接；对于单相三孔插座，面对插座的右孔应与相线连接，左孔应与中性导体（N）连接。

（2）单相三孔、三相四孔及三相五孔插座的保护接地导体（PE）应接在上孔；插座的保护接地导体端子不得与中性导体端子连接；同一场所的三相插座，其接线的相序应一致。

（3）保护接地导体（PE）在插座之间不得串联连接。

（4）相线与中性导体（N）不应利用插座本体的接线端子转接供电。

4）照明开关安装应符合下列规定：

（1）同一建（构）筑物的开关宜采用同一系列的产品，单控开关的通断位置应一致，且应操作灵活、接触可靠。

（2）相线应经开关控制。

（3）紫外线杀菌灯的开关应有明显标识，并应与普通照明开关位置分开。

5）温控器接线应正确，显示屏指示应正常，安装标高应符合设计要求。

2. 一般项目

1）暗装的插座盒或开关盒应与饰面平齐，盒内干净整洁，无锈蚀，绝缘导线不得裸露在装饰层内；面板应紧贴饰面、四周无缝隙、安装牢固，表面光滑、无碎裂、划伤，装饰帽齐全。

2）插座安装应符合下列规定：

（1）插座安装高度应符合设计要求，同一室内相同规格并列安装的插座高度宜一致。

（2）地面插座应紧贴饰面，盖板应固定牢固、密封良好。

3）照明开关安装应符合下列规定：

（1）照明开关安装高度应符合设计要求。

（2）开关安装位置应便于操作，开关边缘距门框边缘的距离宜为 0.15 ~ 0.2m。

（3）相同型号并列安装高度宜一致，并列安装的拉线开关的相邻间距不宜小于 20mm。

4）温控器安装高度应符合设计要求；同一室内并列安装的温控器高度宜一致，且控制有序、不错位。

21.4.4 成品保护措施

（1）安装开关、插座时严禁碰坏墙面，应保持墙面的清洁。

（2）开关、插座安装完毕后，不应再次进行喷浆，以保持面板的清洁。

（3）严禁插接超过插座允许的临时负荷。

（4）其他工种在施工时，严禁碰坏和碰歪开关、插座。

21.4.5 安全、环保措施

（1）熔化焊锡丝或锡块时，锡锅应干燥，防止锡液爆溅；锡锅手柄应使用隔热材料。

（2）托儿所、幼儿园及小学等儿童活动场所插座安装高度小于1.8m时应采用安全型插座。

（3）插座安装完成后，用插座三相检测仪对插座接线及漏电开关动作情况进行全数检测，并用漏电检测仪检测插座的所有漏电开关。

（4）固定开关、插座用冲击电钻打孔时采用遮盖措施。

（5）施工产生的废弃物统一回收、集中处理，运输废物应用封闭车，出场前将车轮清理干净。

22

22 灯具安装施工工艺

22.1 施工工艺流程

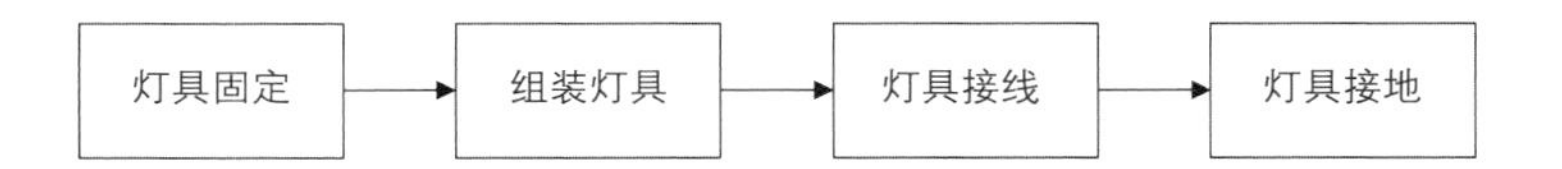

22.2 施工工艺标准图

序号	施工步骤	工艺要点	效果展示
1	灯具固定	在砖混中安装电气照明灯具时，应采用预埋吊钩、螺栓螺钉、膨胀螺栓固定，严禁使用木楔、尼龙塞或塑料塞。当设计无规定时，上述固定件的承载能力应与电气照明装置的重量相匹配	
2	组装灯具	将灯具托起，并把预埋好的吊杆插入灯具内，把吊挂销钉插入后将其尾部掰成燕尾状，并且将其压平、导线接好头，包扎严实。理顺后向上推起灯具上部的扣碗，将接头扣于其内，且将扣碗紧贴顶棚，拧紧固定螺钉。调整好各个灯，安装好灯泡，最后配上灯具	
3	灯具接线	穿入灯具的导线在分支连接处不得承受额外应力和磨损，多股软线的端头应挂锡、盘圈，并按顺时针方向弯钩，用灯具端子螺栓拧固在灯具的接线端子上	
4	灯具接地	普通灯具的I类灯具外露可导电部分必须采用铜芯软导线与保护导体可靠连接，连接处应设置接地标识，铜芯软导线的截面积应与进入灯具的电源线截面积相同	

22.3 控制措施

序号	预控项目	产生原因	预控措施
1	灯具与喷淋、风口间距不符合要求	末端设备排布不合理	施工之前，结合各专业深化设计，根据综合点位图进行施工
2	灯具距地面高度小于2.4m时，灯具的可接近裸露导体接地或接零不可靠	施工交底不到位	灯具的可接近裸露导体接地或接零可靠
3	金属软管未与筒灯等灯具连接	灯具接线未接入专用接线盒内	金属软管应用锁紧接头与筒灯连成一体

22.4 技术交底

22.4.1 施工准备

1. 材料要求

灯具及其附件、绝缘电线等。

2. 主要机具

（1）安装机具：一字形和十字形螺钉旋具、冲击电钻、组合木梯、圆头锤、电工刀、钢锯、扳手、钢丝钳、剥线钳、压接钳、电笔、手电钻、摇表、线坠、锡锅。

（2）检测机具：万用表、兆欧表。

3. 作业条件

（1）导线绝缘电阻测试合格。

（2）顶棚和墙面的喷浆、油漆或壁纸等已完工。

22.4.2 操作工艺

1. 工艺流程

熟悉图纸→检查灯具→安装灯具→通电试运行。

2. 操作要点

1）灯具安装前应熟悉电气安装图纸，根据设计安装图纸作材料计划，灯具的型号、规格、数量要符合设计要求。

2）检查灯具：

（1）各种灯具的型号、规格及外观质量必须符合设计要求和国家标准，并且厂家提供的技术文件中应有灯具组装、安装说明及合格证。

（2）灯具的配线应齐全，无机械损伤、变形、油漆剥落、灯罩破裂、灯箱歪斜等现象。

（3）灯内配线检查：灯内配线应符合设计要求及有关规定，导线绝缘良好，无漏电现象；穿入灯箱的导线在分支连接处不得承受额外应力和磨损，多股软线的端头需盘圈、涮锡；灯箱内的导线不应过于靠近热光源，并采取隔热措施，灯具内配线应严禁外露；使用螺纹灯时，相线必须压在灯芯柱上；荧光灯按厂家提供的接线图正确接线。

（4）特种灯具检查：各种标志灯的指示方向正确无误；应急灯必须灵敏可靠；事故照明灯具应有特殊标志；供局部照明的变压器必须是双圈的，并且一次应装有熔断器；携带式局部照明灯具用橡套导线。

3）灯具安装：

（1）荧光吸顶灯安装：

根据已敷设灯位盒的位置，确定出荧光灯的安装位置，按灯位盒安装孔的位置，将荧光灯贴紧建筑物表面，荧光灯的灯箱应完全遮盖住灯头盒，在灯箱的底板上用电钻打安装孔，并在灯箱对着灯位盒的位置同时打进线孔。安装时，在进线孔处套上软塑料管保护导线，将电源线引入灯箱内，用机螺栓固定灯箱，在灯箱的另一端应使用胀管螺栓固定，使其紧贴在建筑物表面上，并将灯箱调整顺直。灯箱固定后，将电源线压入灯箱的端子板上，把灯具的反光板固定在灯箱上，最后安装荧光灯管。

（2）荧光吸顶灯在吊顶上的安装：为了防止灯管掉下，应选用弹簧灯座，在安装镇流器时，要按镇流器的接线图施工，特别是附加镇流器不能接错，否则要损坏灯管。选用的镇流器、启辉器与灯管要匹配，不能随便代用，荧光灯的组装按说明书及组装接线图进行。荧光灯安装在吊顶上，轻型灯具应用自攻螺钉将灯箱固定在龙骨上；当灯具质量超过 3kg 时，不应将灯箱与吊顶龙骨直接相连接，应使用吊杆螺栓与设置在吊顶龙骨上的固定灯具的专用龙骨连接；大（重）型的灯具专用龙骨应使用吊杆与建筑物结构相连接。灯箱固定后，将电源线压入灯箱内的瓷接头上，把灯具的反光板固定在灯箱上，并将灯箱调整顺直，最后把荧光灯管装好即可。

（3）嵌入式灯具安装：在吊顶安装后，根据灯具的安装位置弹线，确定灯具支架固定点位置。轻型灯具可以直接固定在主龙骨上；大型灯具（设计要求作承载试验的）在预埋螺栓、吊钩、吊杆或吊顶上嵌入式安装专用骨架等物体上安装时，应全数按 2 倍于灯具的重量作承载试验，并填写“大型照明灯具承载试验记录表”。目的为检验其固定程度是否符合设计要求，同时也为了使用安全。注意应根据灯具的安装位置，用预埋件或胀管螺栓把支架固定牢固；质量超过 3kg 的大型嵌入式灯具，在楼板施工时就应把预埋件埋好，而埋件的位置要准确；灯具支架固定后，将灯箱用机螺栓固定在支架上，再将电源线引入灯箱与灯具的导线连接并包扎紧密。调整各个灯口和灯脚，装上灯泡或灯管，灯具的电源线不应贴近灯具外壳，接灯线长度要适当留有余量，最后调整灯具，安装灯罩，调整灯具的边框与顶棚面的装修直线平行即可。

4）建筑物照明通电试运行：

灯具安装完毕，各个支路的绝缘电阻摇测合格，允许通电试运行。公用建筑照明系统通电连续试运行时间为 24h，民用住宅照明系统通电连续试运行时间为 8h。所有照明灯具均应开启，且每 2h 记录运行状态 1 次，连续运行时间内无故障。同时检查灯具的控制是否灵活、准确；开关与灯具控制顺序相对应，如果发现问题必须断电，然后查找原因进行修复。

22.4.3 质量标准

1. 主控项目

1）灯具的固定应符合下列规定：灯具固定应牢固可靠，在砌体和混凝土结构上严禁使用木模、尼龙塞或塑料塞固定；质量大于 10kg 的灯具，固定装置及悬吊装置应按灯具质量的 5 倍恒定均布载荷作强度试验，且持续时间不得少于 15min。

2）悬吊式灯具安装应符合下列规定：

（1）带升降器的软线吊灯在吊线展开后，灯具下沿应高于工作台面 0.3m。

（2）质量大于 0.5kg 的软线吊灯，灯具的电源线不应受力。

（3）质量大于 3kg 的悬吊灯具，固定在螺栓或预埋吊钩上，螺栓或预埋吊钩的直径不应小于灯具挂销直径，且不应小于 6mm。

（4）当采用钢管作灯具吊杆时，其内径不应小于 10mm，壁厚不应小于 1.5mm。

（5）灯具与固定装置及灯具连接件之间采用螺纹连接时，螺纹扣数不应少于 5 扣。

3）吸顶或墙面上安装的灯具，其固定用的螺栓不应少于 2 个，灯具应紧贴饰面。

4）由接线盒引至嵌入式灯具或槽灯的绝缘导线应符合下列规定：

（1）绝缘导线应采用柔性导管保护，不得裸露，且不应在灯槽内明敷。

（2）柔性导管与灯具壳体应采用专用接头连接。

5）普通灯具的外露可导电部分必须采用铜芯软导线与保护导体可靠连接，连接处应设置接地标识，铜芯软导线的截面积应与进入灯具的电源线截面积相同。

6）除采用安全电压以外，当设计无要求时，敞开式灯具的灯头对地面距离应大于 2.5m。

7）埋地灯安装应符合下列规定：

（1）埋地灯的防护等级应符合设计要求。

（2）埋地灯的接线盒应采用防护等级为 IPX7 的防水接线盒，盒内绝缘导线接头应作防水绝缘处理。

8）庭院灯、建筑物附属路灯安装应符合下列规定：

（1）灯具与基础固定应可靠，地脚螺栓备帽应齐全；灯具接线盒应采用防护等级不小于 IPX5 的防水接线盒，盒盖防水密封垫应齐全、完整。

（2）灯具的电器保护装置应齐全，规格应与灯具适配。

（3）灯杆的检修门应采取防水措施，且闭锁防盗装置完好。

9）安装在公共场所的大型灯具的玻璃罩，应采取防止玻璃罩向下溅落的措施。

10）LED 灯具安装应符合下列规定：

（1）灯具安装应牢固可靠，饰面不应使用胶类粘贴。

（2）灯具安装位置应有较好的散热条件，且不宜安装在潮湿场所。

（3）灯具用的金属防水接头密封圈应齐全、完好。

（4）灯具的驱动电源、电子控制装置室外安装时，应置于金属箱（盒）内；金属箱（盒）的 IP 防护等级和散热应符合设计要求，驱动电源的极性标记应清晰、完整。

（5）室外灯具配线管路应按明配管敷设，且应具备防雨功能，IP 防护等级应符合设计要求。

2. 一般项目

1）引向单个灯具的绝缘导线截面积应与灯具功率相匹配，绝缘铜芯导线的线芯截面积不应小于 $1mm^2$。

2）灯具的外形、灯头及其接线应符合下列规定：

（1）灯具及其配件应齐全，不应有机械损伤、变形、涂层剥落和灯罩破裂等缺陷。

（2）软线吊灯的软线两端应做保护扣，两端线芯应搪锡；当装升降器时，应采用安全灯头。

（3）除敞开式灯具外，其他各类容量在 100W 及以上的灯具，引入线应采用瓷管、矿棉等不燃材料作隔热保护。

（4）连接灯具的软线应盘扣、搪锡压线，当采用螺口灯头时，相线应接于螺口灯头中间的端子上。

（5）灯座的绝缘外壳不应破损和漏电；带有开关的灯座，开关手柄应无裸露的金属部分。

3）灯具表面及其附件的高温部位靠近可燃物时，应采取隔热、散热等防火保护措施。

4）高低压配电设备、裸母线及电梯曳引机的正上方不应安装灯具。

5）投光灯的底座及支架应牢固，枢轴应沿需要的光轴方向拧紧、固定。

6）聚光灯和类似灯具出光口面与被照物体的最短距离应符合产品技术文件要求。

7）导轨灯的灯具功率和载荷应与导轨额定载流量和最大允许载荷相适配。

8）露天安装的灯具应有泄水孔，且泄水孔应设置在灯具腔体的底部。灯具及其附件、紧固件、底座和与其相连的导管、接线盒等应有防腐蚀和防水措施。

9）安装于槽盒底部的荧光灯具应紧贴槽盒底部，并应固定牢固。

10）庭院灯、建筑物附属路灯安装应符合下列规定：

（1）灯具的自动通、断电源控制装置应动作准确。

（2）灯具应固定可靠、灯位正确，紧固件应齐全、拧紧。

22.4.4 成品保护措施

（1）在安装、运输中应加强保管，成批灯具应进入成品库，码放整齐、稳固；搬运时应轻拿轻放，以免碰坏表面的镀锌层、油漆及玻璃罩；对操作人员做好成品保护技术交底，不应过早地拆去包装纸。

（2）灯具安装完毕后不得再次喷浆，以防止器具污染。

（3）施工结束后，对施工中造成的建筑物、构筑物局部破损部分，应修补完整。

22.4.5 安全、环保措施

（1）选用登高设施，应牢固可靠。使用人字梯时，距梯底 400 ~ 600mm 处应设强度足够的拉绳，不得站在最上一层工作；严禁从高处抛掷工具、用料。

（2）手持电动工具的外壳、手柄、负荷线、插头、开关等必须完好无损，使用前应作空载试验检查，运转正常后方可使用。

（3）手持电动工具使用前，对电动工具开关箱的隔离开关、短路保护器、过负荷保护器和漏电保护器进行仔细检查，合格后方可使用。

（4）在潮湿场所或金属构架上操作时，必须选用由安全隔离变压器供电的手持式电动工具。

（5）狭窄场所施工，必须选用由安全隔离变压器供电的手持电动工具，其开关箱和安全隔离变压器均应设置在狭窄场所外边，并连接 PE 线。

（6）手持电动工具的负荷线应采用耐气候型的橡皮护套铜芯软电缆，并不得有接头。

（7）在变电所内，高压、低压配电设备及裸母线的正上方不应安装灯具，避免维修时影响正常供电；灯头的绝缘外壳不应有破损和漏电；对带开关的灯头，开关手柄不应有裸露的金属部分，避免灯头漏电或开关手柄防护不当，导致漏电伤人并影响安全使用。

（8）灯具的包装物、报废的灯具及安装灯具产生的建筑灰渣、电线头及绝缘物等不得随意丢弃，应分类回收、集中处理。

（9）灯具吊钩或螺栓固定打孔时应采用遮盖措施，防止污染地面。